특별한
아이에서
행복한
아이로

일러두기

• 등장인물의 이름 중 일부는 가명을 사용했습니다.
• 도서는 《 》, 작품·잡지·영화·드라마·연극은 〈 〉, 노래·시·칼럼은 ' '로 표기했습니다.
• 저자의 이야기를 보다 생생하게 전하기 위해 몇몇 유행어는 한글맞춤법에 예외를 두어 표기했습니다.

제주맘 소구리네
좌충우돌 영재교육 이야기

**특별한
아이에서
행복한
아이로**

**이진주
지음**

알에이치코리아

"너는 자라 네가 되겠지, 진짜 네가 되겠지."

나는 제주에 산다. 이른바 '교육이민자'다. 2012년 9월 내려왔
으니, 어느새 입도 4년차. 첫해엔 오락가락하는 날씨에 적응
하는 것만으로도 벅찼고, 두 번째 해엔 은행 빚을 얻어 장만한
집을 꾸미느라 바빴다. 허덕허덕 세 번째 해를 지나 네 번째인
올해가 돼서야 겨우 앞뒤가 보인다. 그사이 제주살이는 거의 모
든 도시인의 로망으로 자리 잡았다. 실은 좀 어리둥절하다. 유배
되는 심정으로 내려왔는데, 알고 보니 모두가 부러워하는 유토
피아였다니.

　　사람들은 묻는다. "왜 제주에 갔어요?" "아이 학교 때문에
요." "진짜 애 때문에 간 거예요?" "네." "외롭지 않아요?" "처음엔

좀 그랬는데, 지금은 괜찮아요." 지난 4년 동안 똑같은 질문에 항상 똑같은 답을 해왔다. 어떤 이는 입을 삐죽댈 것이다. "남들 다 키우는 애, 유별나게도 키운다." 또 어떤 이는 속으로 악담을 퍼부을지도 모른다. "그래 봤자 헛수고일걸. 새끼는 저 혼자 잘 난 줄 알고 늙은 부모 나 몰라라 할 텐데 뭐." 물론 나도 알고 있다. 알고도 하는 짓이라니 이 무슨 업보인가.

소설가 김애란은 단편 〈서른〉에서 학원 강사였던 서른 살 여자의 입을 빌려 이렇게 썼다. "요즘 저는 하얗게 된 얼굴로 새벽부터 밤까지 학원가를 오가는 아이들을 보며 그런 생각을 해요. '너는 자라 내가 되겠지… 겨우 내가 되겠지.'"

새벽밥 지어 학교 보내고 해 질 녘에는 다시 내 손에 받아 먹여 재운다. 업業도 연緣도 없는 외딴곳에서 시간은 잘도 흘러간다. 아이는 하루가 다르게 자라나고, 나는 매일 늙어간다. 이렇게 키운 아이는 장차 무엇이 될까. 나의 영혼, 나의 육신, 나의 재물을 집어삼키며 자란 것이 도로 내가 되기를 원하지 않는다. 겨우 나에 머물기를 바라지 않는다.

내가 겪었던 20세기의 학교는 지옥이었다. 강남 한복판에서 나는 속물 또는 괴물이 되어 살아남는 법을 배웠다. 동시에 나와 타인의 속물성을, 괴물스러움을 내심으로 경멸하는 법을 익혔다. 나는 그 학교에서 첨예한 빈부 격차 때문에 우는 친구를 보았고, 그 친구를 뒤에서 비웃는 친구들도 보았다. 지금도 강남의 '마마토모(아이를 통해 친구가 된 엄마들을 가리키는 일본어 표현)'들이 똑같이 하고 있는 일이다.

나는 또 교사가 돈을 받고 시험 문제를 유출하고 내신을 조작해준다는 소문 속에서 자랐다. 전과목 과외를 받아 성적을 유지하는 친구도 있었다. 학생의 비밀과외를 하던 선생님이 끝내 구속됐다는 후문도 들었다. 나는 우리의 시작이 평등하지 않고, 과정도 공정하지 않다는 걸 일찌감치 알았다. 고등학교를 떠난 지 스무 해 가까이 흘렀지만 여전히 나는 그 교육의 흔적을 끌어안은 채 살고 있다. 어떤 날엔 다시없는 속물이었다가 다른 날엔 내 안의 괴물을 지워보려고 애쓴다. 그래서 나의 삶은 다분히 분열적이다. 나는 아이가 나보다 뛰어난 무언가가 되기를 바라지 않는다. 다만 나와는 다른 인생을 살기를 원한다. 그래서 이곳에 왔다.

우리 네 식구는 서울에서 누렸던 모든 것을 버리고, 제주에서 새로운 인생을 시작했다. 나는 이제 고층빌딩 어딘가에서 휘황한 계급장을 단 이들과 만나는 대신, 도시도 시골도 아닌 곳에서 농부도 어부도 아닌 이들과 어울린다. 나의 두 아이는 틀에 박힌 내치동키드의 궤도에서 벗어나, 21세기 한국 교육의 이방인이 되었다. 이곳의 아이들은, 단지 영재가 되고 서울대에 가고 의사로 살기 위해《수학의 정석》을 풀지 않아도 된다. 내신 때문에 옆에 앉은 친구를 미워하지 않아도 된다. 학교의 진정眞情을 의심하지 않아도 된다. 선생님을 마음으로 존경하고, 숙제는 죽이 되든 밥이 되든 제 힘으로 해낸다. 이처럼 당연한 것을 당연하게 여기며 살아도 된다.

이 이야기들은 지난 4년 동안, 나와 우리 가족, 내가 지켜본 몇몇 이웃의 도전에 대한 것이다. 우리는 새로운 교육을 꿈꾸며 이곳에 왔다. 제주라는 곳은 대한민국에 속하면서도, 현실계를 떠난 어디쯤에 외따로 존재하는 것 같다. 여기서 시간은 한두 박자 더디게 흐르고, 하늘과 바다의 경계는 눈앞에서 사라진다. 시간과 공간이 왜곡되는 제주의 자장磁場 안에서, 우리의 교육 실험은 이뤄지고 있다.

이곳이 천국인지 지옥인지, 우리의 선택이 성공인지 실패인지 가늠하기에는 아직 이르다. 다만 이곳의 아이들은 적어도 내가 되지는 않을 것이다. 그러니 나는, 허옇게 뜬 얼굴로 학원 뺑뺑이를 도는 아이들을 보며, "너는 자라서 내가 되겠구나." 시든 목소리로 중얼거리지 않아도 될 것이다. 너희들은 자라 너희 자신이 될 것이다. 다른 누구와도 같지 않은, 태어난 모양 그대로 존재하는. 그거면 된다. 그걸로 어미의 인생은, 충분히 보상받았다.

차
례

2부

남다른
아이에서
행복한
아이로

3부

여자,
그리고
부모가 된다는 것

4부

제주 생활
적응기

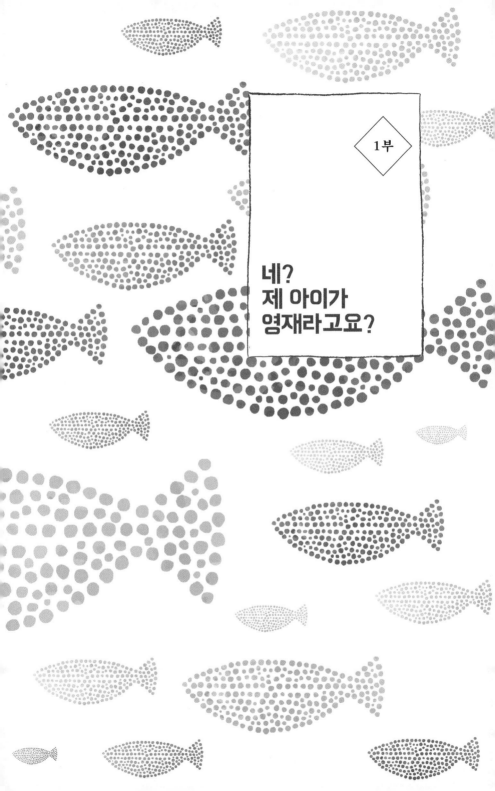

1부

네?
제 아이가
영재라고요?

우리가
제주에 온 이유

내게는 두 아들이 있다. 큰아이 '소구리(애칭)'는 제주국제학교에 다닌다. 올 10월 만으로 열 살이 된다. 입학 전 치른 웩슬러지능검사 결과 상위 0.1퍼센트에 속하는 고도지능이라고 했다. 일반 검사지로는 151 이상의 지능을 정확하게 측정하기 어렵다는데, 구체적인 수치는 듣지 못했다. 내가 과거형을 사용하고 있다는 걸 부디 눈치채주시기 바란다. 그로부터 4년, 나는 아이의 영재성이 빛의 속도로 사라지는 것을 눈앞에서 지켜보고 있다. 엄마의 허영심을 생각하면 아쉽고 안타깝지만 소구리의 인생 전체를 놓고 보면 참으로 잘된 일이다.

둘째 아이 '요구리(애칭)'는 올 10월 만으로 네 살이 된다. 모든 것이 지나치게 빨랐던 형에 비하면 녀석의 시간표는 한없이 더디다. 뒤집기부터 늦더니 걸음마는 돌이 한참 지난 뒤에야 했다. 두 돌이 되어서도 "엄마" "아빠" "형아"밖에 할 줄 몰랐다. 서랍을 열고 제 손을 넣은 뒤 그대로 닫고는 아프다고 울기도 했다. 수틀리면 넙치처럼 드러누워 징징거리고 두 돌을 훨씬 넘겨서도 엄마 젖에 집착했다. 하는 짓은 그렇게 모자라지만 누구나 한 번만 보면 안다. 지능지수나 장차의 학교 성적과는 상관없이 이 녀석은 스스로 완전한 아이라는 걸. 요구리를 얻고서야 나는 자식에 대한 사랑은 조건부가 아니란 걸 깨달았다. 영재여서, 일등이어서 귀여운 게 아니라 바보여도, 꼴찌여도 어여쁜 것이 새끼란 걸 알았다.

남다른 형과 늦되는 동생. 부모들의 선택은 이 지점에서 갈린다. 보통은 가정의 모든 자원을 쏟아부어 영재를 뒷바라지한다. 평범한 동생은 방치되거나 형을 따라잡으려 무리하다 망가져버린다. 우리의 선택은 그 반대였다. 요행히 소구리 같은 아이를 얻었지만 신동이라는 늪에, 소년급제의 함정에 빠뜨리고 싶지는 않았다. 영재를 다룬 보고서에 따르면, 많은 영재아가 선행학습의 사이클에 휘말려 유년을 잃어버린다고 한다. 그 아이들은 성년이 된 후 뒤늦게 어린 시절을 돌아보면서 자신이 부모와 사회로부터, 특히 학교로부터 학대당했음을 깨닫는다. 아이들은 어른들의 사랑과 인정을 갈구하는 존재다. 많은 영재아가 애정을 빌미로 소모되고 희생된다. 소구리에게 필요한 건 더 많은 공부가 아니라 오히려 더 많은 놀이였다.

우리는 소구리에게 어린 시절을 선물하기로 했다. 또 요구리에게는 타고난 모양대로 살 수 있는 자유를 주고 싶었다. 녀석을 망가뜨리고 싶지 않았다. 그러나 불행히도 내가 아는 서울, 내가 속한 은하에서는 그런 일이 불가능했다. 한 문제만 틀려도 반 석차가 20등씩 떨어지고, 0.1점 차이로 대학 입시에 실패하는 시스템 속에서는 진짜 영재교육도 행복한 유년도 모두 꿈같은 얘기였다.

고백하자면 우리 부부는 1990년대 강남키드였다. 영화 〈건축학개론〉의 얄미운 강남 선배처럼 '압서방(압구정동·서초동·방배동)' 출신이었다. 압구정동 청담동의 성골 진골까진 아니어도 서초동 방배동에서 비교적 곱게 자랐다. 방배동 카페 골목이 청담동 가로수길 못잖은 핫 플레이스일 때의 얘기다. 우리 때만 해도 대치동이 지금 같은 지위를 누리지는 않았다. '학원 뺑뺑이'란 말도 없었다. 동네 학원에 다니고 대학생 과외는 받았어도 교실에서 엎어져 있을 만큼 거기에 매이지는 않았다. 재수를 거

쳤지만 무사히 바라던 대학에 갔고 졸업한 뒤에는 각각 신문기자와 안과의사가 됐다. 빌딩을 물려받거나 '빠다' 냄새 풍기는 유학파는 못되어도 우리가 누려온 중산층의 삶을 유지하기엔 부족함 없는 조건이었다. 그때만 해도 그렇게 사는 것이 당연한 줄로만 알았다. 지금 있는 곳에서 우리가 자라온 대로 적당히 세상의 때를 묻히며 키우면 될 거라 여겼다.

하지만 내심으로는 행복하지 않았다. 소구리가 초등학교에 들어갈 무렵 나는 수능을 다시 치르는 꿈을 꾸었다. 2교시 수리 영역 시간이었다. 꿈속의 나는 책상에 엎드려 잠이 들었다가 시험 종료 10분 전에야 일어나 허겁지겁 답을 찍어 내려갔다. 그나마 아는 답을 밀려 쓰는 바람에 오엠알OMR 카드가 엉망이 되었다. 컴퓨터 사인펜과 수정 테이프를 붙들고 용을 쓰는데 종이 울렸다. 쉬는 시간, 불량 소녀들이 다가와 "왜 수능을 또 보는 거냐."며 시비를 걸었다. 그중 하나가 내 눈에 향수를 뿌렸다. 눈을 가려 시험을 보지 못하게 하려는 거였다. 꿈속의 왈패들은 팬시하기도 하지. 나는 그녀들에게 밀려 맨 뒷자리까지 물러났다. "나도 내가 왜 여기 있는지 모르겠다."고 울부짖으면서. 다시 종이 울렸다. 시험지를 받아 들고 식은땀을 흘리는데, 누군가 등을 간질였다. 이제 내 뒤엔 아무도 없는데. 〈써니〉가 〈여고괴담〉으로 넘어가려는 순간 가위에 눌린 채 몸부림을 치다 깨어났다. 잠에 취한 둘째가 손가락을 오물거리며 엄마의 악몽을 깨우고 있었다.

힘들 때마다 다시 고 3이 되는 꿈을 꾸곤 했다. 남자들이 다시 군대에 가는 꿈을 꾸는 것처럼. 꿈속에서 나는 번번이 애만 썼다. 아무 말도 아무것도 못하고 눈물만 줄줄 흘리기도 했다. 대한민국의 학교에서는 공부를 잘하는 아이라고 해서 결코 행복하지 않다. 그런데 내 아이도 그 힘든 시간을 견뎌야 한다니. 그것도 이제부터 12년 동안. 아이를 학교에 보내놓고 나는 노심초사했다. 나의 불안은 모르는 새 아이에게도 전염되었다.

조금 남달랐던 아이는 우려대로 학교생활에 재미를 느끼지 못했다. 우리가 동시에 한국의 교육 현실을 경험한 것은 겨우 한 학기뿐이었는데도 아이와 나는 빠르게 지쳐갔다. 대안을 찾아 헤매다 제주국제학교를 발견했다. 문을 연 지 고작 1년밖에 되지 않은 신생 학교였다. 게다가 제주도였다. 학비도 만만치 않았다. 그러나 우리는 인생을 건 모험을 하기로 했다. 아무도 없는 곳에서 오롯이 우리 네 식구가 한 번 살아보기로 한 것이다. 맹모孟母가 아들을 위해 세 번 이사했다더니, 나도 졸지에 같은 처지가 됐다. 제주행을 주도한 남편은 사전에도 없는 맹부孟父를 자처했다. 새끼가 대관절 무엇이기에.

영재라는 스펙,
영재교육이라는 트렌드

태교 책을 읽다 보면 엄마 뱃속에 있을 때부터 달리기가 시작되는 느낌을 받는다. 미취학 어린이를 위한 홈스쿨링 교재는 얼마나 어려운지 머리가 어지러울 정도다('아니, 갓난쟁이가 이런 공부를 한단 말이야?'). 영재교육, 특히 조기교육의 중요성을 전파하는 책들은 또 어찌나 많은지, 무언가를 시작하기에는 세 살도 늦고 다섯 살도 늦은 것 같아 한숨이 나온다. 소구리가 네 살이 되었을 무렵 "외고 준비해야지."란 말을 듣고 웃어넘긴 적이 있었다. 그런데 사교육시장에선 그것이 농담만은 아니었나 보다. 독일 남자와 결혼한 후배는 귀국한 뒤 돌쟁이 딸을 마트에 데려갔다가 "왜 여태 아무 데도 안 보내느냐." "이제 시작해도 너무 늦었다."며 간섭하는 할머니를 만났단다. 그 후배는 "도대체 뭐가 늦었다는 거냐."며 황당해했다. 조급사회의 선행키드들은 이렇게 만들어지고 있었다.

하긴 나도 그런 실수를 했다. 소구리의 '남다름'을 제도권 교육 안에서 어찌해야 할지 몰라 허둥댈 무렵, 능력이 닿는 범위 안에서 영재와 관련된 일을 하는 분들을 만났다. 계통도 순서도 없이 그저 닥치는 대로였다. 집 근처만 해도 사설 영재학원이 몇 군데나 됐다. 영재학원에도 레벨이 있어서 영재성 검사의 종류와 퍼센타일에 따라 벌써 학원 이름이 달라졌다. 같은 학원이라도 아이의 지능과 선행 정도에 따라 우열반이 나뉘었다. 각 학원의 우수반에 들어가는 건 영재원이나 과학고를 향한 첫발을 뗀 것이나 마찬가지였다.

수백, 수천의 학생들을 과학영재로 만들었다는 한 전문학원장은 말했다. "어머니, 이제 영재는 타고나는 것이 아니라 만들어지는 겁니다. 요즘 어머니들은요, 지능검사 결과가 상위 10퍼센트만 나와도 영재교육에 목숨을 겁니다. 그 애들이 영재교육을 몇 살 때부터 시작하는지 아십니까?" 그건 아이가 만 여섯 살이 되도록 방치한 엄마를 나무라는 말이었다.

이제 영재는 특목고와 명문대로 가는 길을 단축시키는 하나의 스펙이 되었고 영재교육은 사교육시장의 거대한 트렌드가 된 지 오래였다. 만 9세에 미국 시카고 로욜라대에 입학해 의학

21

박사가 된 '리틀 아인슈타인' 쇼 야노나 15세에 서울대에 들어간 '수학천재' 이수홍 같은 영재들의 사례가 언론을 통해 알려진 것도 한몫을 했다. 부모들은 저마다 제2의 쇼 야노, 제2의 이수홍을 꿈꾸며 아이들을 뒷바라지한다. 그것이 지름길인지, 늪인지 알 수 없어도 불을 향해 달려드는 부나비처럼 전 생애를 던진다.

※

미국은 1957년 소련이 세계 최초로 인공위성을 쏘아 올린 이른바 '스푸트니크 쇼크' 이후 수학과 과학 분야에 재능을 가진 영재들에 대한 특별 관리를 시작했다. 이른바 영재교육이 시작된 계기다. 그러나 우리나라의 경우 과학고 설립 등의 형태로 영재교육이 공식화된 지는 채 30년이 되지 않았다. 하지만 한국의 맹렬 엄마들은 공적 영재교육의 부재를 홈스쿨링과 선행학원 등을 활용해 사적인 영역에서 메워왔다. 초등학생이면서 고등학교 과정의 미분과 적분을 푸는 선행학습 영재들은 대치동 학원가에서 어렵지 않게 찾아볼 수 있다.

영재교육에 나선 엄마들의 열성은 미국이나 한국이나 별반 차이가 없어서 요즘엔 미국에서도 학과 선행학습과 족집게 문제풀이를 전파하는 한국식 영재학원이 인기라고 한다. 오죽하면 영재원 측에서 전형 방식을 바꿔버렸을 정도. 해외의 영재 교육 보고서에는 엄마의 강요 때문에 지능검사지를 통째로 외운 아이의 사례도 등장한다. 그 아이는 "기존 천재들의 아이큐를 뛰어넘는 초천재가 나왔다."며 미디어의 집중 조명을 받았다가 추락했다. 그 아이가 받았을 충격을 상상하는 것만으로도 가슴이 아프다.

선택의
기로에 서다

학교를 옮겨야겠다고 결심한 것은 1학년 1학기 중반쯤이었다. 당시 학부모 공개 수업에서 담임 선생님은 전래동화 〈호랑이와 떡장수〉를 이용해, "3+5=8" "8-3=5"를 가르쳤다. 이른바 창의융합교육, 스팀STEAM교육이었다. 서른 명에 가까운 아이들은 저마다 손을 치켜들고 엄마들에게 잘 보이려 애썼다. 그런데 소구리는 적당히 시늉만 하다 슬며시 손을 내리고는 짝이랑 장난을 치는 거였다. 적어도 수업 시간엔 그러는 아이가 아니었는데….

"소굴아, 아까 보니 손도 많이 안 들고 집중도 안 하고 짝이랑만 놀던데 왜 그랬어? 재미가 없었니?" 그날 저녁 지나가듯

물으니, 아이는 세 가지 이유를 댔다. "첫째, 문제가 너무 쉽잖아. 도전적이지가 않아. 답을 맞힌다 해도 성취감이 안 생겨. 둘째, 내가 열심히 손을 들어도 선생님은 날 안 시키셨을 거야. 공평해지셔야 하거든. 평소에도 민서나 찬희 같은 말썽쟁이 아이들에게 기회를 더 많이 주셔. 셋째, 그런데도 내가 엄마한테 잘 보이려고 발표를 독점하면 친구들은 내가 잘난 척한다고 생각했을 거야."

머리가 멍해졌다. 초등학교 1학년 교실에서 아이가 배운 것은 덧셈 뺄셈만이 아니라 고차원의 수학이었다. 인생의 좌표를 설정하고 예측하며 행동하는 법 말이다. 어미가 서른다섯 해 동안 배우지 못한 것을 아이는 이미 알고 있었다.

그때부터 비슷한 아이를 키우는 엄마들을 수소문하기 시작했다. 뇌 발달 전문가를 만나 상담도 받았다. 특수교육에 관련된 책도 찾아보았다. 한국의 현실 속에서 엄마들은 어쩔 수 없이 아이들을 선행학원에 맡기고 있었다. 그게 아니면 버티고 버티다 아예 유학을 보냈다. 공교육이 남다른 아이들을 품어줄 수 없다는 엄마들의 불신은 그만큼 뿌리 깊었다. 21세기의 학교는 여전히 영재 아이들을 학습적으로도, 정서적으로도 지지해주지 못하고 있었다.

그렇다면 영재들의 세계는 어떤 길과 이어져 있었을까? 그 세계는 이를테면, SKY 대학으로 가는 지름길이었다. 그러다 보니 필요 이상으로 붐비는 레드오션으로 전락했다. 초등학교 3학년이면 영재원 입시가 시작된다. 시·도 교육청 영재원부터 대학·과학고 부설 영재원과 지역 초·중등학교 영재학급까지 레벨이 달랐다. 거기 들어가기 위해 다녀야 할 전문학원의 목록과 문·이과 트랙의 차이가 비교적 손에 잡힐 즈음 나는 멀미가 났다. '꼭 이렇게 해야만 할까? 이대로만 키우면 아이는 정말 세상을 바꾸는 인재가 될까? 실패한 영재였다는 나의 자의식은 영재 코스를 밟는 아들로 인해 치유받을 수 있을까?'

대답은 '노No'였다. 소구리는 끓어오르는 호기심을 억누르는 쪽으로, 적어도 교실 안에서는 스스로를 절제하는 방향으로 좌표를 설정하고 있었다. 거칠고 고집 센 사내아이가 또래 집단의 압력을 받으면서 자연스럽게 사회화되는 과정이었다면 좋았겠지만 꼭 그것만은 아니었다. 소구리에게는 유아기에 누구나 겪고 지나가야 하는 지독한 에고Ego의 시기가 누락돼 있었다. 소구리는 순종적이었다.

녀석은 장손이었다. 눈칫밥을 먹일 사람은 아무도 없었다. 그런데도 엄마가 곁에 없다는 건 아이의 자존감에 결정적인 생채기를 냈다. 소구리는 자기주장을 하지 않았다. 할머니 할아버지 밑에서 자라면서 어른들의 속을 썩이거나 걱정을 살 법한 일은 애초에 하지 않는 아이로 컸다. 늘 참고, 먼저 져주고, 항상 양보했다. 오죽하면 유치원 시절 별명이 '전생에 술래'였을까.

친구들은 누구나 소구리를 좋아했지만 한편으로는 그런 아이를 만만하게 여겼다.

그런 소구리를 데리고 영재교육 전쟁에 뛰어든다면 어찌 될지 뻔했다. 뭐 하나에 꽂히면 뿌리를 뽑는 나의 성격상 소구리를 '영재들의 왕', '신동 중의 갑'으로 만들기 위해 달달 볶을 터였다. 소구리는 군말 없이 엄마의 허영심에 복종했을 것이다. 그러나 사춘기를 지나고 또래 집단의 질시와 학교의 몰이해가 오래도록 덧붙여지면, 눌러왔던 소구리의 분노는 폭탄처럼 터질지도 몰랐다. 안으로든 밖으로든, 빤히 예측되는 불행이었다.

'만들어진 영재'의
고백

　　　　　　　　　　　한국식 영재교육의 사례를 수집
하던 중 스물여덟 살 청년 S군의 이메일을 받았다. 조금만 견디
면 미국에서 치과의사가 될, 세속의 기준으로는 무척이나 '전도
유망한' 청년이었다. S군은 "인생의 목표가 치대 입학"이었다고
했다. 목표를 이룬 지금 그는 행복할까? S군은 썼다.

　"요즘 제 문제는 목표를 잃었다는 겁니다. 남들이 오고 싶
어하는 전문직 대학원에 진학하고 나니, 공부는 졸업할 정도만
하면 된다는 생각이 들더군요. 이제까지 저는 내신 1퍼센트, 특
목고, 명문대, 전문직 등 철학이 없는 목표만 추구해왔습니다.
부모님께서 그런 삶이 행복한 거라 하시니 그런가 보다 하고 따

라왔는데, 막상 여기 오니 '이제 뭘 해야 하지?' 하는 생각이 듭니다. '과정을 마치고 나서도 행복해지지 않으면 어쩌지?' '이만큼 고생했는데 보상받지 못하면 억울하겠다.' 이런 감정들도 몰려오고요. 풀어야 할 인생의 숙제는 끊임없이 생겨나는데, 다른 누군가가 제시하는, 이론적으로 옳고 안전한 길만 골라 살아 왔습니다. 그러다 보니 이제서야 내가 진심으로 하고 싶은 일이 이거였나, 치대에 정말 오고 싶었나 하는 고민이 드는 거죠. 나이도 들었는데 끝까지 마마보이처럼 살 순 없잖아요. 마마보이와 효자의 차이는 한 끗인 듯합니다."

S군은 흔히 말하는 '영재'였다. 그것도 서울시가 수학, 과학, 발명 등의 분야에서 남다른 재능과 가능성을 보이는 고등학생들 중에서 가려 뽑은, 이과 분야 최우수학생 중 하나였다. 별도의 시험을 통해 한 해 100여 명만 선발했으니, 거칠게 따져도 '상위 1퍼센트'보다 훨씬 안쪽에 있었을 것이다. 그런데도 그는 이렇게 고백했다.

"제가 만약 영재라면 저는 '타고난 영재'라기보다는 '만들어진 영재'일 겁니다. 중간중간 공부가 아닌, 다른 걸 하고 싶단 생각도 많이 했습니다. 영재로 만들어지기 위해 저는 많은 경쟁을 해야 했습니다. 부모님은 제가 어디쯤 위치해 있는지 세밀히 파악하셨기에 당근과 채찍을 적절히 섞은 환경을 제공하셨습니다. 경시대회에 나가기 위해 대치동 학원에도 다녔고, 불법인 줄 알면서도 특목고 선생님께 과외를 받았습니다. 변명이 될 수 없다는 건 알지만, 교육을 위해 무엇이든 감수하려 했던 학부모들의 마음을 이해해주셨으면 합니다. 좋은 학원을 찾는 건 학부모들 사이의 전쟁이나 다름없었습니다. 오죽하면 자기 아이 보낼 학원 따로, 다른 엄마들에게 추천해줄 학원이 따로 있었겠어요. 그런 부모님의 열성을 무시하고 하고 싶은 걸 하겠다고 하기엔 너무 멀리 왔다고 체념했나 봅니다, 기대에 부응하는 것이 부모님을 위한 것이고, 나를 위한 것이라는 생각에 공부한 듯합니다.”

S군은 함께 영재교육을 받았던 친구들 대부분이 자신처럼 ‘공부가 아닌 다른 것’을 꿈꿨을 거라 말했다. 한번 상상해보라. 부모의 ‘인생 설계’에 순종해 영재가 되었지만 머릿속으론 다른 그림을 그리고 있는 소년들이라니, 얼마나 불안하고 불온하며 불운한가.

아이는 나와
다른 길을 걸었으면

S군이 영재교육을 받았던 서울시 교육연구정보원(옛 서울과학교육원)은 역사가 일천한 우리나라 공적 영재교육의 장에서 29년이라는 기록할 만한 전통을 가진 곳이다. 서울시가 주도하는 과학영재육성사업은 1987년 시작됐다. 시는 선발된 영재들을 남산 교육관에 불러 모아 일주일에 한 번씩 특수교육을 제공했다. 유명 과학교사들을 모셔와 실험하는 방법을 가르치고, 카이스트와 서울대 등 국내 유수 대학교수들의 특강을 들려주기도 했다.

국내 최초의 과학고등학교인 경기과학고는 1983년 설립됐지만, 서울에는 1989년이 돼서야 서울과학고(현 서울과학영재학교)가 들어섰다. 유래를 따지자면, 서울과학교육원이 서울과학고의 전신인 셈이다. 실제로 초창기 수료자들의 면면은 눈이 부실 정도다. 서울과학고가 생긴 뒤에는 과학고 입시에 실패하거나 여러 이유로 시험을 보지 못했던 학생들을 수용하는 창구가 되기도 했다. 이를테면 과학영재들의 패자부활전 같은 것이었달까. 친구에게 과학고 티켓을 양보했던 나 역시, 그 패자부활전의 수혜자였다.

　　동기들 중에는 이름도 찬란한 존스홉킨스 의대를 거쳐 텍사스 의대 M.D. 앤더슨 암센터에 자리를 잡은 녀석도 있고, 삼성 이건희 장학금을 받으며 캘리포니아 공과대학(칼텍)에서 공부한 뒤 UCLA 의대교수가 된 친구도 있고, 프랑스를 거쳐 스위스에서 물리학자 겸 과학 저널리스트로 활동하고 있는 아이도 있다. 발레리나를 꿈꾸다 방향을 틀어 정신과 교수가 된 친구도 있는가 하면, 명문대 치대를 그만두고 사회복지사로 일하고 있는 아이도 있다. 카이스트 오준호 교수 연구실에서 휴머노이드 로봇 '휴보'를 개발한 친구는 무려 같은 반, 같은 조 '절친'이었다. 지금 그 친구들은 내가 가 닿지 못하는 곳에서 알아듣지도 못하는 말들을 하고 있지만, 한때나마 내가 그 아이들과 합을 겨루었다는 건 인생의 자랑이자 보람이다.

　　나는 강남의 한 '공주학교' 출신이다. 지금은 자율형사립고 등학교로 변모한 여학교다. 과장을 좀 보태자면, 해마다 서울대에 10명, 연고대에 30명, 이화여대에 100명씩 보내는 명문이었다. 여고생들은 허리께까지 내려오는 긴 생머리를 풀어헤치고 색색의 수입 핀을 달았다. 세련된 회색 교복은 체크무늬 일색인 인근 학교 여학생들 중 단연 눈에 띄었다. 나와 내 부모님이 과문했던 탓인지는 몰라도, 그때만 해도 특목고 입시를 위한 사교육이 지금처럼 심하지 않았다. 무엇보다 영재라는 말이 광범위하게 퍼진 시절이 아니었다. 특목고 입학을 위한 담임교사 추천을 친구에게 양보하면서도 그다지 아까운 생각을 하지 못했던 이유다. 아버지의 가정폭력에 시달리는 그 친구가 과학고 기숙사에서 마음 편히 공부할 수 있기만을 바랐을 뿐이었다.

그러나 실상은 달랐다. 막상 고등학교에 진학하고 보니, 그곳은 신세계였다. 어느 수업시간에 선생님은 신입생들을 앉혀놓고 말했다. "특목고에 가지 못한 너희들은 쭉정이"라고. 그러니까 더 열심히 하란 뜻이었겠지만, 나는 충격을 받았다. 우정 때문에 과학고 진학을 접은 걸 처음으로 후회했다. 그 모멸감과 분노를 해소한 곳이 바로 서울과학교육원이었다.

나는 그곳에서 처음으로 랜싯(채혈용 바늘)을 써봤고, 친구가 읽고 있는 책에 나오는 아벨이 성경에 나오는 그 아벨이 아니란 것도 알았다. 아벨이니 파인만이니 하는 천재들의 이름이 하버드니 예일이니 하는 대학 이름만큼이나 흔하게 알려진 지금으로선, 전설의 고향 같은 얘기일 것이다. 거기서 만난 어떤 친구는 물리학자 스티븐 호킹의 책《시간의 역사》를 내게 설명해줬다. 또 어떤 친구는 '퀸'이나 '레인보우'의 음악을 카세트테이프에 직접 녹음해 선물하기도 했다. 어떤 친구는 학교 대표로 퀴즈쇼에 나가 우승을 거뒀고, 또 어떤 친구는 소설의 초안을 보여주기도 했다. 어쩌다 경시대회에 나가면 그 친구들을 고스란히 만날 수 있어 신이 났다. 농구를 잘하던 누군가에게 남몰래 반했던 기억이 나는 것을 보면, 아마도 누군가는 내 단발머리와 교복을 아직 기억하고 있을 수도 있겠다.

아이들은 남녀를 떠나 각 학교의 '대표선수'인 서로를 인정했다. 그러면서도 과학고 입시에서 실패했던 경험 때문인지 '어디엔가 우리보다 더 나은 누군가가 있다.'는 생각을 했다. 방금 도원결의를 맺은 동지들, 또는 연애를 시작하기 직전 '썸'을 타는 이들처럼 설레고 흥분되고 낭만적인 분위기가 우리 사이에 있었다. 사춘기의 그 훈훈한 기억이 지금까지도 나를 지탱해준다면 믿을 수 있을까.

그렇다. 한때는 나도 과학영재였다. 전 생애적인 관점에서는 성공과 실패를 판단하는 것이 아직 섣부를 수 있겠지만 과학 분야에서의 성취만 놓고 본다면 나는 명백히 실패했다. 내 자신이 실패한 영재라는 사실은 화인火印처럼 가슴에 새겨졌다. 나는 '루저'가 아니란 걸 증명하기 위해 어떤 분야에 들어가든 조급해졌다. 그러다 또 실패했다. 그 과정이 반복되면서 나이가 들었고 지쳐갔다.

　처음 아이가 영재라는 걸 알았을 때 나는 내 실패를 물려주고 싶지 않은 마음, 그러니까 이 아이를 누구 못지 않은 영재로 보란 듯 성공시키고 싶은 마음과 싸워야 했다. 나는 소구리를 내 인생의 트로피로 세상에 내보이고 싶은 마음과 아이가 상처받지 않도록 꽁꽁 감추고 싶은 마음 사이에서 헤맸다. 실은, 모든 것이 그리로부터 시작되었다.

아롱이다롱이 형제

한배에서 나와도 아롱이다롱이라고, 소구리와 요구리
는 어쩜 이렇게 다를까 싶다. 둘 다 B형 남자들이지만,
소구리는 A형 같은 섬세함을, 요구리는 O형 같은 단순
함을 지녔다. 얼굴이 작고 팔다리가 길쭉한 소구리에
비해 요구리는 태어날 때부터 찐빵 만두 해님 달님이
었다. 사진을 찍으면 소구리는 눈웃음을 치는데, 요구
리는 실눈을 뜨며 수컷 티를 낸다. 결정적으로 다른 건
먹성. 깨작거리다 마는 소구리와 달리 식탁머리에서만
큼은 요구리가 대장이다.

마마토모의
세계

내 나이도 낼 모레 마흔이다. 직장도 몇 군데 다녀봤다. 시댁에서 시작한 결혼생활은 10년을 넘겼다. 산전수전 공중전까지는 아니어도 어지간한 인간관계에는 이력이 붙었다고 스스로 생각했다. 그런데 엄마들의 커뮤니티는 내가 겪어본 모든 관계 중에 가장 어려웠다. 자신의 이름 대신 아이의 이름으로 살아야 하는 관계였으니까. 이런 걸 일본에서는 '마마토모', 즉 엄마동지라고 한다지.

수많은 '학교괴담'에서 들었던 것처럼 단 한 번의 말실수, 단 한 번의 무의미한 행동이 돌이킬 수 없는 결과를 부르기도 한다. 지켜보는 것만으로도 무시무시했다. 새끼가 끼어 있는 관계이니 절대로 실수하면 안 될 것 같았다.

유치원 보낼 때만 해도 워킹맘 그룹이 주도권을 잡은 덕분에, 반장엄마의 말을 그대로 따르기만 하면 됐다. 반장엄마란 카리스마 리더라기보다는 제일 나이 어린 이가 자발적으로 맡는 총무의 개념이었다. 결정하기 전에 나이든 언니들과 상의하고 합리적이면서도 민주적으로 반 일을 운영했다. 모임은 무조건 주말이었고, 평일 아침 티파티 같은 것도 없었다. 그래도 아이들은 사이 좋게 잘 자랐다.

그러나 '초딩' 엄마들은 절대 다수가 전업맘이었다. 등하교 시간이면 엄마들이 여름날 매미처럼 교문에 다닥다닥 붙어 있었다. 둘째를 낳고 육아휴직을 하고 있던 나는 다행히 엄마들의 커뮤니티에 낄 수 있었다. 엄마들은 비공식적으로 학교를 방문해 교실의 묵은 먼지를 청소했고, 서로의 집을 돌며 커피를 마셨다. 나도 서둘러 '오픈하우스'를 했다. 시어머니가 오실 때보다 더 떨렸다. 비싼 딸기도 사고, 꽃도 사고, 커튼에 한정판 향수까지 뿌렸다. 바쁘다는 핑계로 방치했던 깨진 욕실등도 몇 년 만에 고쳤다.

그리고 한두 달 후 엄마들이 모여 있는 장소에 따라 '정문파'와 '후문파'로 파벌이 갈렸다. 의도하지는 않았지만 나 역시 둘 중 하나에 속하게 됐다. 기왕 조직에 몸담은 김에 옛 육성회, 그러니까 운영위원회 활동까지 했다. 한 엄마가 '대치동 감독님'을 모서와 축구팀을 꾸렸다. 친구 따라 학원 가는 날들이 시작됐다.

그전까지 육아는 전적으로 시어머니의 손을 빌렸었다. 이
번에야말로 아이들에게 몰입해보자고 휴직계까지 냈는데, 정작
엄마들과 보내는 시간이 더 길었다. 무언가 이상했지만 그래야
조금 '튀는' 내 아이가 소외되지 않고 잘 지낼 수 있을 거라 생각
했다. 사는 형편이 고만고만한 재개발 아파트 단지였지만 강남
은 강남. 드센 엄마들만큼 기가 펄펄 살아 있는 아이들이 많아
내 아이가 리더가 되는 것까지는 바라지도 않았다. 그러나 우려
했던 일들은 내게도 벌어졌다.

죽음과 색깔

죽음은 어떤 색일까
빨간색이 죽음일까
빨간색은 피
파란색이 죽음이 아닐까
파란색은 바다
분노는 어떤 색일까
검은색은 홀세마왕의 뿔
삶은 어떤 색일까
파란색은 빨간색의 반대

죽음 반대편의 삶

이 모든 것을 나타내는

색은,

너무나 많다

1학년 여름방학을 앞둔 무렵, 소구리는 이런 동시를 썼다. 국어 교과서에 실린 〈도라지꽃 전설〉을 함께 읽다가 아이는 도라지꽃이 왜 하필 보라색인지 물었다. "보라색은 슬픈 색이야." 라고 했더니 저런 걸 끼적거린 게다. 찜찜한 마음에 친구 몇에게 물으니, "마지막 연이 긍정적"이라며 위로해줬다. 며칠 유심히 살펴보았다. 소구리는 금세 또 철부지 어린애로 돌아간 것처럼 보였다. 무엇 때문인가 바빠 아이가 쓴 시에 관해서는 곧 까맣게 잊어버리고 말았다.

되짚어 생각해보면, 이 시는 일종의 '사인'이었다. 자신의 아픔을, 괴로움을, 눈치채달라고 외치는 아우성이기도 했다. 그래서 자신을 그 고통에서 구원해달라고 말이다. 아이는 엄마가 가장 좋아하는 방식인 시를 통해서 내게 말을 걸어왔던 거다. 당시엔 끝내 알아보지 못했지만. 소구리는 엄마에게 수신되지 않은 메시지를 부여잡고 한 달을 더, 혼자 힘들어해야 했다. 그리고 방학식 하루 전날에야 나는 아이가 겪어온 일들에 대해 알게 됐다.

*

역시 발단은 엄마들의 세계에서 비롯되었다. 축구 감독님을 모셔온 엄마의 아이가 다른 친구들을 조종해왔다는 것이 알려지면서 평온하던 엄마들 사이에 균열이 일어난 것이다.

"너, 내 말 안 들으면 우리 엄마한테 얘기해서 축구팀에서 빼버릴 거야." 그 아이는 반에서 눈에 띄는 몇 명의 아이를 골라 이렇게 위협했다고 한다. 선생님 말씀에 대답을 잘하거나 운동을 잘하거나 리더십이 있는, 그러니까 잠재적인 경쟁 상대들이 대상이었다. 그때만 해도 비교적 '범생이' 과에 속했던 소구리도 관리 대상이었던가 보다. 그렇게 친구들을 제압한 그 아이는 놀이를 할 때마다 "내가 대장이니 내 명령을 따르라."고 주장했단다. 녀석은 또 수줍음을 많이 타는 남자아이 몇을 따돌리는 짓도 벌였다. 아이들은 자신이 그 대상이 되지 않은 것만을 다행으로 여기며 왕따에 눈을 감았을 것이다. 정의로울 거라고 믿어왔던 내 아들까지도. 잘못이라는 건 알았지만, 그 아이에게 밉보이면 축구를 못할 것 같아 무서웠다고 한다.

교실의 정상적인 리더십은 왜곡되기 시작했다. 자연스럽게 형성돼야 하는 수컷들의 위계는 축구라는 인위적인 권력 앞에서 변형됐다. 녀석의 엄마는 오합지졸 초딩 1학년들에게 국가대표 대치동 감독을 붙인 장본인이었다. 학교에서는 자청해서 어머니회 멤버로 나선 상태였다. 나는 학교 운영위원회에서 일하고 있었다. 축구팀을 빙자해 그런 위협이 이어지자 나와 어머니회의 다른 엄마는 문제를 키우지 않기 위해 조용히 우리 아이들을 빼냈다. 그런데 그게 화근이었다. 차라리 처음부터 녀석의 문제 행동을 공론화했더라면 이렇게까지 되지는 않았을 것이다.

불행히도 소구리는 아직 친구와 적을, 장난과 보복을 구분하지 못했다. 모든 학교폭력이, 모든 빵 셔틀이 그렇게 시작된다. 작고 사소한 놀이인 것처럼. 그러다 점점 크고 무시무시한 폭력으로, 크레센도로 변해간다. 소구리도 처음엔 진짜 장난인 줄로만 알았다고 했다. 그래서 웃으며 "하지 말라."고만 했단다. 그것은 "나를 공격해도 좋다."는 뜻이다. 소구리는 자신이 희생자란 걸 인정하고 싶지 않아 계속 웃었다. 마치 자기 역시 그 장난의 일부인 것처럼.

모든 사실을 알게 된 날, 나의 천국은 지옥으로 변했다. 새로운 시작에 대한 기쁨과 소구리에 대한 자랑스러움은 피가 거꾸로 솟는 듯한 분노와 스스로에 대한 모멸감으로 바뀌었다. 몸은 부들부들 떨리고 머리가 터질 듯 아팠다.

아이는 내가 주동자들의 이름을 들고 정황을 추론할 때까지도 고개를 숙이며 내 눈을 피했다. 엄마에게조차 들키고 싶지 않았던 것이다. "소굴아, 이건 경찰에 신고할 수도 있는 중요한 문제야. 증인도 있고 증거도 있어. 복도에 숨겨져 있는 CCTV가 모든 장면을 찍어놨어." 그제야 아이는 나와 눈을 맞췄다. "정말이야? 엄마도 CCTV를 봤어? 걔네들이 괴롭히는 걸 엄마도 봤어?" 수많은 학교폭력의 희생자들도 그랬다고 한다. 자존심이 센 아이일수록 제 입으로 상황을 인정하려 들지 않는다고. 학교폭력 피해자니 왕따니 하는 말은 그 자체로 얼마나 무력하고 모멸적인가. 그래서 CCTV라는 객관적인 눈이 자신을 지켜봐주길, 부인할 수 없는 증거가 되어 먼저 밝혀내주길 원할 뿐이다. "학교 사각지대에 CCTV를 더 설치해달라."고 쓴 어느 학생의 유서를 보고 나는 울었었다. 그런데 내 새끼도 그런 마음이었다니, 어미가 그걸 몰랐다니.

 "그 애들을 어떻게 할까? 경찰서에 끌고 갈까? 교장선생님 앞에서 네게 무릎을 꿇게 할까? 원하는 대로 해줄게. 어떻게 해야 속이 시원하겠니?" 아이는 말했다. "그래도 친군데, 경찰은 너무 심하잖아. 반 아이들이 보는 데서 그랬으니까 반 아이들이 보는 데서 사과를 받고 싶어." 소구리가 원하는 것은 단지 그것뿐이었다. 잘못의 인정, 그리고 사과. 나는 그 밤이 새도록 교양이고 나발이고 다 뒤집어 엎어버리고 싶은 마음과 싸워야 했다. 새끼를 이렇게 만든 놈들을 불러다 피투성이가 되노록 물어뜯고 싶은 마음을 억눌러야 했다. 그것이 아이의 자존심을 지키는 길이라면 그렇게 해줘야 했으니까.

 담임선생님은 문제 아이들의 부모들에게 전화와 면담을

통해 이 사실을 통보했다고 말씀하셨다. 성적표에도 학교폭력의 '가해자'란 사실을 적시하겠다고 약속했다. 나는 전화를 기다렸다. 선생님이 말씀을 하셨다기에 진정성 있는 사과를 기대했다. 그러나 연락이 없었다.

"얘기 좀 하자."고 내가 먼저 가해자의 엄마에게 메시지를 보냈다. 몇 시간이 흐른 뒤에야 연락이 왔다. 녀석의 엄마는 "무슨 일이냐?"고 말했다. 담임선생님께 아무것도 전달받지 못한 것처럼, 폭력성을 적시했다는 생활기록부를 보지 못한 것처럼 그 엄마는 나의 말을 끊고 대뜸 물었다. "그 무릎의 상처를 우리 애가 냈나요? 그 얘기는 누구 엄마한테 들은 건가요? 믿을 수가 없어서 제가 직접 확인을 해야겠어요." 나는 일일이 가르쳐주어야 했다. "이것 보세요, 어머니. 새끼를 키우는 엄마라면 먼저 '미안합니다, 아이가 얼마나 다쳤나요? 엄마는 얼마나 속상하셨나요?'라고 말해야 하는 겁니다." 하지만 곧 깨달았다. 이상한 아이 뒤엔 이상한 엄마가 있다는 것을. 아이의 피멍이 사라진 뒤에도 용서하지 못하는 마음의 독은 꽤 오래 남았다.

아이와 나의
새로운 시작

육아휴직을 내고 집에 있으니, 두 아이를 둘러싼 세계가 나의 전부처럼 보였다. 모든 엄마들에게 마찬가지겠지만, 아이는 엄마의 태양이었다. 아이가 기침을 하면 엄마는 폐렴을 앓았다. 아이에게 일어난 작은 파문은 그 폭과 너비와 높이가 증폭돼 파도처럼 엄마를 덮쳤다. 그즈음 학업 스트레스나 왕따에 시달리다 스스로 목숨을 던지는 아이들의 이야기가 하루가 멀다 하고 들려왔다. 젖먹이 둘째를 안고 스마트폰으로 아이들의 유서를 찾아 읽을 때면 젖꼭지를 문 아기의 입으로 눈물 콧물이 떨어져 들어갔다. 학교라는 괴물은 우리 때보다 몇 배는 더 늙고 더 강력해져서 아이들을 집어삼키고 있었다. 무릎의 멍 사건은 아직 알기도 전이었지만, 나는 순하디순한 소구리가 계속 마음에 걸렸다. 어딘가에서 그런 일이 벌어질 때마다 며칠 밤을 잠도 못 자고 끙끙 앓자 곰서방은 말했다. "우리 제주로 가자." 누군가에게는 유토피아이고 누군가에게는 유배지였던 그곳에서 우리 네 식구는 인생을 리셋하기로 한 것이다.

그렇게 그해 여름 제주국제학교 입학시험을 치렀다. 추가 모집이었다. 정시모집 때만 해도 이런 학교가 있는 줄도 몰랐다. 당시 소구리의 나이는 만 6세 반이었는데, 영재교육에 이해가 깊은 이기동(Keith Yi) 초대初代 교장선생님의 배려로 3학년에 들어가게 됐다. 일반 초등학교 1학년 1학기 과정에 다니고 있었으니 '월반'이라면 월반인 셈이다. 이 학교는 입시의 한 과정으로 웩슬러지능검사를 활용한다. 비공식적으로 알려진 입학 자격은 상위 5퍼센트 정도라고 한다. 가뜩이나 우수한 아이들이 모여 있는데 내 아이만 특혜를 받는 것처럼 보일까봐 처음엔 무척이나 조심스러웠다. 입학 전부터 아이를 둘러싼 소문이 퍼져 일부 학부모와는 갈등도 겪었다. 그래서 첫 학기를 마칠 때까지는 학교 근처에도 가지 않았다.

알려진 대로 국제학교의 학비는 결코 만만하지 않다. 더욱이 남편은 "진짜 가장이 되겠다."며 시부모님이 마련해주셨던 아파트를 반납하고 경제적 독립을 선언한 터였다. 어르신들의 지원을 기대하기도 어렵게 되었으니, '에듀푸어'가 되지 않으려

면 정신 똑바로 차려야 했다. 소구리의 학비를 벌기 위해 남편
은 교수 대우를 받던 직장을 그만두고 선배의 개인병원에 취직
했다. 이른바 '페이닥터'가 된 것이다. 녹내장 전공자인 곰서방
은 《마르퀴즈 후즈 후Marquis Who's Who》를 비롯한 세계 3대 인
명사전에 몇 년째 이름을 올리는 연구들을 해왔지만, 그런 경력
을 지켜나가는 일보다 아들의 미래가 더 중요하다고 했다. 제주
에 내려와 4년 동안, 그는 주말에도, 성탄절에도, 명절에도 병원
에 나가 환자들을 봤다.

✳

제주에 내려오고 얼마 되지 않았을 때, 〈그녀들의 완벽한 하루〉
라는 TV 미니시리즈가 화제를 모았다. 강남 상위 1퍼센트 사립
유치원에 다니는 네 명의 '유딩'들과 치맛바람 휘날리는 극성
엄마들을 그린 드라마였다. 회사에선 제 몫을 하지만 살림과 육
아에는 무능한 워킹맘(송선미 분)의 눈으로 '학부형 월드'라는 이
상한 세계를 바라보는 이야기였다. 그 세계를 지배하는 건 돈과
카리스마로 무장한 청담동 진골 여왕벌(변정수 분)이다. 서울대
교수 남편에 영재 아들을 둔 엘리트 엄마(신동미 분)도, 화려한
미모로 아버지뻘 유부남을 꿰찬 룸살롱 출신 사모님(김세아 분)
도 그녀의 들러리일 뿐이다. 원작으로 알려진 일본 드라마 〈이

름을 잃어버린 여신名前をなくした女神〉도 11부까지 연달아봤다. 이 드라마에는 더 비정상적인 가족들과 더 극적인 캐릭터들이 등장한다. 자기 이름 대신 아이의 이름으로 불리면서 속에 뭔가 한 자락씩 깔아두고 얘기하는 마마토모들의 세계가 무서울 정도로 세밀하게 묘사돼 있다. 두 드라마를 보며, 내가 속해 있는 엄마들의 세계에 대해 오래 생각했다.

이곳에서의 4년, 엄마들 사이의 탐색전이 끝나고 대강의 그룹이 편성된 것은 사실이다. 하지만 소구리가 중등교육을 마치는 나머지 기간 동안, 아이들의 관계가 바뀌듯 엄마들의 그룹도 수없이 재편될 것이다.

둘러보니 이곳 학부모 중엔 지금껏 상상하지도 못했을 만큼 어마어마한 부유층 사모님도 있고 이름만 대면 알 만한 유명인사도, 전문직 여성들도 수두룩하다. 그러나 남대문 동대문에서 옷을 사 입으며 알뜰살뜰 살림을 꾸리는 평범한 엄마들도 많다. 마마토모가 아니었다면 결코 만날 수 없는 이들의 인생이 겹쳐져 있다. 엄밀히 말하면, 우리의 세계는 균질하지 않다.

그러나 흔한 농담처럼 "여기서부터 저기까지 네 땅이다. 힘들면 아무 때고 유학가면 된다."고 말하는 엄마들과 "쏟아부은 돈이 얼만데. 하버드 가서 집안을 일으켜야지."라고 다그치는 엄마들은 친구가 되기 어렵다. 대치동에서도 할 만큼 하다 뭔가를 더 찾아 여기까지 온 엄마들과 대안교육을 꿈꾸며 여기 온 엄마들 역시 그럴 것이다. 요컨대 이곳은 다양한 욕망과 배경을 가진 학부형들의 전국구인 셈이다. 치맛바람에 아직 덜 오염되고, 엄마들 입김에 덜 휘둘리는 교육 특구일 뿐이다.

제주에 처음 내려왔을 때 서울 학교에서 만났던 멘토 언니에게 말했다. "언니, 여기도 교육열 장난 아니에요. 학원도 다 있어요. KAGE 영재원도 있고, 대치동 소마 수학도 있고…." 그 양반은 말했다. "소구리 엄마, 내가 아들 셋을 키워보니, 남자는 머리가 아니라 가슴이 중요합니다. 큰애와 둘째 때는 내 새끼 똑똑한 것만 생각하고 더 특별한 교육만 추구했는데, 정말 후회돼요. 내가 소구리 엄마라면 이렇게 하겠어요. 좁은 학원가 빙빙 돌리지 말고, 데리고 나가서 바다도 보여주고 말도 태워줘요. 사내의 그릇을 넓히는 일을 해주세요. 왜 제주에 갔는지, 그 첫 마음을 잊지 말아요."

몽골에서 홈스쿨링을 했다는 '악동 뮤지션'에게 한 기자가 "몽골의 너른 초원과 자연환경이 키워낸 음악천재" 운운했더니, "아유, 저희도 아파트 살아요. 초원은 좀 나가야 있어요."라고 그랬다지. 제주의 상황도 그와 비슷하다. 제주는 학력고사 시절부터 전국 수석들을 수두룩하게 배출했고 지금도 고등학생 수능 평균이 전국 1등이다. 소비 성향은 전반적으로 검소하나 교육만큼은 살벌하게 시키는 엄마들도 많다고 들었다. 도심의 '명문 초등학교' 앞 빵집에 갔더니, 학원 보내놓고 기다리는 엄마들 풍경이 대치동을 연상시킬 정도였다.

그럼에도 여름이면 아무 바다에 나가 물장구치고, 겨울이면 아무 오름에서나 눈썰매를 타는 이 환경은 분명히 나의 아이들에게 마음의 고향이 되어줄 것이다. 우리 민족의 핏줄 속에는 대륙에서 말을 달리던 DNA가 있다면서 경쟁은 왜 옆집 아이와 해야 할까? 나는 소구리가 전교 1등 하기를 바라지 않는다. 아니, 국제학교에는 그런 개념이 아예 없다. 이곳의 시스템에 적응하기로 마음먹은 이상 국제중이나 특목고 같은 '한국식 영재 코스'로 돌아가기 힘들 거라는 사실을 잘 안다. 그렇다고 하버드나 옥스퍼드에 쉽게 갈 수 있는 것도 아닐 테고 말이다. 대학 진학이 코앞에 다가온 고학년 선배 엄마들 중에는 그 문제로 고민하는 분도 꽤 된다고 들었다. 그러나 아직까지는, 뛰어놀아야 할 때 뛰어놀며, 훗날 멋있는 동문들과 합을 겨뤄보는, 인생의 봄날을 만끽하게 해주고 싶을 뿐이다.

우리, 가족

허우대 좋고 인물도 멀쩡하지만 치명적인 유치짬뽕 바이러스 보균자인 곰서방. 인생의 큰 결정을 내릴 땐 결정적으로 어른으로 변신하지만, 평소에는 딱 소구리의 장난꾸러기 친구 같다. 그래선지 아이들과 찍은 사진은 온전한 게 거의 없을 정도. 차줌마·백주부·허세프 뺨치게 요리를 잘해서 아이들 특식을 담당한다. 소구리의 정신적 지주이기도 하다. 막둥이 요구리는 아직까지는 내 사람이지만, 요새 엄마보다 유치원 여자친구 지온이·가은이가 더 좋단다.

x x x x x x x x

FAMILIES

2부

남다른
아이에서
행복한 아이로

원하는 것을 스스로
결정하는 아이들

소극적이고 순종적이며 애정을 갈구하는 영재는 자라서 무엇이 될까. 우리 부부는 아들의 미래를 근심했다. 그런데 오판이었다. 소구리는 이곳에서 완전히 다른 사람으로 다시 태어났다.

어린 소구리를 관찰했던 뇌 발달 전문가는 시간이 없다고 했다. 여러 영재교육 학자들은 아이의 영재성, 특히 창조성이 폭발하는 시기를 길어야 만 10세까지로 본다. 이후에는 꾸준하고 지속적인 노력으로 뒷받침하는 것이지, 새롭게 계발하기는 어렵다는 것. 이런 관점에서 보면 공교육에서 영재를 선발해 교육하는 시점인 초등학교 3학년은 선발 방식과 교육 내용도 문제지만 시기상으로도 이미 늦은 셈이다. 엄마들이 머리가 말랑말랑한 유치원생에게 그 비싼 가베를 쥐여주고 과학학원에 실어 나르며 실험과 실습을 가르치는 것은 공적 영재교육의 암흑기를 나름대로 돌파해내는 방법일지도 모른다.

그런데 내가 소구리의 영재성을 발견한 시기는 이미 5세가 지난 후였다. 미국에서 발간된 책에는 뒤늦게 아이의 영재성에 눈뜬 부모들이 "내 자식의 시간을 낭비한 걸 참을 수 없다."며 울부짖는다는 사례도 등장한다. 비웃을 일이 아니라 처음엔 나도 딱 그런 심정이었다. 전문가는 말했다. "엄마가 무심해 아이를 진흙탕에 방치했다."고. "국가적인 자원이 될 수도 있는 아이"를 말이다.

더 나쁜 것은 이 아이와 우리 부부 사이에는 정상적인 부모 자식 관계에서 자연스럽게 형성되는 라포Rapport가 없다는 점이었다. 새끼를 낳기는 했지만 부모는 아니란 얘기였다. 나는 부끄러운 줄도 모르고 펑펑 울었다. 시한폭탄의 타이머가 째깍거리는 소리가 들렸다. 열 살이 되기 전에, 영재성의 문이 닫히기 전에, 사춘기의 반란이 시작되기 전에, 나는 아이와의 관계를 다시 시작해야만 했다.

그래서였을까. 지금의 소구리는 4년 전의 소구리와는 정반대다. 엄마가 일 대신 자신을 선택했다는 것, 아빠가 자기를 하나의 남자로 여긴다는 것, 선생님과 학교의 인정을 받고 서로의 남다름을 용인해주는 친구들과 사귄다는 것이 아이의 마음을 근본적으로 변화시켰다. 소구리는 "엄마가 방치한 아이" "할머니에게 맡겨진 아이"라는 왜곡된 자아상을 깨뜨리고 가난한 마음의 우물에서 뛰쳐나왔다.

물론 처음에는 갈등도 있었다. 개교 원년 멤버였던 친구 하나가 신입들을 축구팀에 끼워주는 문제로 간식을 상납받으며 부당하게 텃세를 부렸던 것 같다. 나이 어린 소구리가 다시 타깃이 되었다. 그놈의 축구! 그런데 소구리는 녀석에게 "넌 나보다 나이도 많고, 덩치도 크고, 학교에 대한 지식도 많아. 그런데 그걸 잘못 사용하고 있어. 입장을 바꿔 생각해봐. 네가 신입생이라면 기분 좋겠니."라고 말했단다. 그리고 전학 간 지 한 달 만에 신입생들의 지지를 등에 업고 3학년 학생회장이 되었다. 다른 엄마를 통해 그 얘기를 전해 듣고 깜짝 놀랐다. 아가, 너는 누구냐. 소구리는 우리 부부가 염려했던 그런 아이가 아니었다.

좁은 우물에서 벗어난 것은 소구리만이 아니었다. 나 역시 내가 알던 영재들의 세계가 얼마나 한정된 것이었는지, 내가 생각했던 영재아의 특징이 얼마나 왜곡된 것이었는지, 새삼 깨달았다. 영재를 판별하는 가장 결정적인 기준은 이른바 '과제 집착력'

이다. 아이가 어떤 일에 얼마나 집중하고 열정을 보이는가를 말한다. 누가 강요하거나 이끌어서가 아니라 스스로 뿌리를 캐는 능력 말이다.

그런 능력을 기르는 것에 집중한다는 의미에서 보자면 이곳의 교육은 진정한 의미의 영재교육에 가깝다. 일부에서 들리는 '귀족학교'라는 비난에도, '있는 사람들의 돈 지랄'이라는 막말에도 평범한 중산층 엄마들이 못 입고 못 쓰면서 꿋꿋이 학교를 보내는 이유 중 한 가지가 바로 여기 있다.

지능지수가 160이 넘는다는 수연이는 거의 모든 분야에서 고루 탁월한 발달을 보이는 아이였다. 소구리와는 학생회부터 오케스트라, 체조 대표팀까지 겹치는 데가 많았다. 하지만 주로 소구리가 사고를 치고 달아나면 수연이가 뒤를 수습하는 구도였다. 소구리가 오매불망 사모하는 시연이는 또 어떤가. 겨우 5학년인데 뮤직 페스티벌 첼로 독주자로 등장해 '헝가리안 무곡'을 켜는 것을 보고는 나도 홀딱 반해버렸다. 발레를 해서 몸놀림이 섬세하고 우아한데, 그 예쁜 아이가 사이다랑 오렌지 주스를 섞어 '환타'를 만들어 먹는 모습을 보고는 빵 터지고 말았다.

소구리의 친한 친구 해윤이는 '비밀 수학 선생님'이 되어 아이들에게 수열의 기본원리를 가르쳐줬다. 3학년 때의 일이다. 학원에서 선행학습을 받은 것이 아니라 엄마에게 배운 거란다. 그날 저녁, A4 종이에 한가득 수열 문제를 그려놓고 "해윤이는 정말 똑똑하다."며 소구리가 어찌나 흥분하던지.

이웃에 사는 현웅이는 전국 단위 사생대회에서 대상을 받았을 정도로 그림을 잘 그린다. 미술학원에 다니면서 익힌 솜씨가 아니다. 언젠가 훔쳐본 녀석의 공룡은 '날것' 그대로였다. 사내 녀석들의 우상인 민석이 형은 축구는 물론 체육 전 분야에 걸쳐 학교 대표팀으로 뽑힌 다재다능한 선수다. 열이면 열, 스트라이커만 하려 드는 초딩들 사이에서 골키퍼를 자처하며, 리더의 자기희생과 팀워크, 판을 읽는 눈의 중요성에 대해 설명했다고 한다.

형 누나들만 뛰어난 게 아니다. 소구리보다 어린 은상이는 유치부 바둑대회를 석권하고, 인라인 스케이트 대회에서도 우승한 친구다. 보드와 서핑처럼 몸을 가눠야 하는 운동에 벌써부터 탁월한 실력을 보이는데, 평소엔 영감님처럼 차분하다. 그런 침착함과 집중력이면 뭐가 돼도 되겠다고 느껴질 정도다.

그럼, 이 아이들은 하나같이 잘나서 다들 자기만 알고 못되게 구느냐, 그렇지도 않았다. 3학년 봄에 소구리가 담벼락에서 뛰어내렸다가 무릎이 찢어진 일이 있었다. 의료용 스테이플러를 박아 벌어진 살을 붙이느라 두 주 넘게 축구를 하지 못하고 쉬어야 하는 상황이었다. 그때 아이들은 소구리를 따돌리지 않았다. 아이들이 찾아낸 해법은 무엇이었을까? 바로 '심판'을 보게 해주는 것이었다. 발보다는 말로 축구를 하는 소구리에게 꼭 들어맞는 자리였다. 우리 어릴 적 '깍두기'처럼 몸이 불편하거나 어리거나 모자란 친구라 해도 누구 하나 빼거나 내치지 않고 어울리며 노는 방법을 아이들은 스스로 찾아낸 것이다. 소구리가 부족함을 끌어안고 있는 그 모습 그대로 완전한 아이인 것처럼 소구리의 친구들도 하나같이 울퉁불퉁해서 완전했다. 그런 의미에서 모두들 똑같았고, 모두들 특별했으며, 모두들 평범했다. 나는 그 점이 아주 마음에 든다. 전국 각지에서 모여든 비슷하지만 다른 아이들이 자유로운 커리큘럼 속에서 다른 친구들의 장점을 인정하고 지혜를 나눈다. 저놈이 잘나서 내 새끼가 못나지는 것이 아니라, 내 친구가 나의 1등 자리를 빼앗는 것이 아니라.

소구리는 이곳에서 평범한 제 또래 사내아이로 돌아왔다. 녀석은 여기에서 지극히 보통의 존재다. 같은 반 친구들보다 한두 살 어려서인지, 체육활동에서든 정서발달 면에서든 뻥뻥 구멍을 드러낸다. 어떤 쪽에서는 조금 도드라져도 다른 쪽에서는 한참 모자랄 수 있다는 것, 그리고 그 부족함을 억지로 메워 평평하게 만들지 않아도 된다는 것이 우리 부부는 기뻤다. 올수와 올백, 전교 1등과 전 과목 1등급에 강박적으로 집착하지 않아도 된다는 것에 감사했다.

영재를 잃고
아이를 얻다

　　　　　　　　　　　　　소구리가 학교를 좋아하는 이
유는 명쾌하다. 많이 놀기 때문이다. 전학 온 첫날, 아이는 달려
와 말했다. "엄마! 노는 시간이 세 시간도 넘어!" 소구리는 이 학
교에서 매일 논다. 노는 데 걸신들린 아이처럼 논다. 소구리에게
는 축구와 수영 그리고 춤을 배우는 체육시간도 노는 시간이다.
고학년이 되면서 토요일 특별활동을 포함한 방과 후 프로그램
은 더욱 다양해졌다. 태권도, 야구, 배구, 농구, 럭비(저학년은 태
그럭비), 방송댄스에 골프, 스쿠버 다이빙까지. 여학생들은 이 시
간에 한국무용이나 발레, 리듬체조 같은 프로그램을 듣는다. 그
러고도 모자라 아이들은 1교시 전에도, 점심을 먹은 뒤에도, 학

교가 파한 뒤에도 수시로 운동장에 나가 뛰어논다. 넘치는 에너지를 주체하지 못하는 녀석들에게는 꿈같은 시간표다.

욕심과 달리 손발이 말을 안 듣는 소구리도 잘하고 못하고를 떠나 운동에 열광한다. 학교 가는 일이 오죽 신나면 아무도 깨우지 않는데 오전 6시에 벌떡 일어날까. 우리가 자리 잡은 제주시는 학교와 꽤 멀어서 스쿨버스를 타야 한다. 베테랑 기사님도 30분은 운전을 해야 한다. 안개가 끼거나 눈비라도 내리면 40~50분은 족히 걸린다. 학교는 서귀포시에서도 촌으로 꼽히는 대정읍에 있다. 넓은 부지를 얻은 대신 병원이나 마트 같은 기반시설이 하나도 없다. 소구리한테야 학교 앞 신축빌라가 편하기는 하겠지만 아기 데리고 살기엔 어려움이 많을 것 같아 시내에 자리를 잡았다. 택시비는 왕복 5만 원. 운전을 한다고 해도 젖먹이 동생까지 챙겨 나서려면 공사가 너무 컸다. 그런 까닭에 아예 처음부터 선언했다. "늦잠 자서 버스 놓쳐도 엄마가 학교 못 데려다준다!"

소구리는 엄마를 깨우지 않고 제 손으로 우유에 시리얼을 말아 먹었다. 요구리가 좀 자란 요즘엔 기력을 찾은 내가 하다 못해 과일에 달걀말이라도 해준다. 가끔은 흑돼지 오겹살이나 스테이크도 구워 먹인다. 아침부터 무슨 요란이냐고 하겠지만 유학 간 친구들이 "머리는 괜찮은데 몸이 달려 못 하겠다."고 푸념하던 것이 생각났기 때문이다. 공부는 결국 지력이 아니라 체력 문제란 거다. 대학에 들어가 진짜 '공부전쟁'을 할 때 외국 아이들이 무서운 뒷심을 발휘하는 것은 어쩌면 어린 시절 좀 놀아봤기 때문인지도 모른다. 무념무상으로 뛰어노는 동안 길러진 근육들이 '공부근육'까지 단련시키는 건 아닐까?

그것도 모르고 처음엔 욕심을 냈다. 시니어(고학년) 스케줄을 피해 피아노 레슨을 받으려고 점심시간을 쪼개 쓰기로 한 것이다. 두 사내아이의 엄마인 3학년 담임선생님은 걱정스럽게 말씀하셨다. "어머니, 그러면 소구리가 밥을 못 먹잖아요." 엄마인 나는 눈치도 없이 말했다. "괜찮아요, 빨리 먹으면 돼요." 그러고는 까맣게 잊어버렸는데, 담임선생님은 첫 레슨시간에 샌드위치를 만들어 갖다주셨다. 그리고 피아노 선생님께 스케줄을 조정해달라고 간곡히 부탁하셨다고 한다. 담임 반 학생이 아니라 정말 당신의 아들인 것처럼! 피아노 선생님께 그 얘길 전해 듣고 얼마나 부끄러웠던지. 그 뒤로 소구리는 점심시간을 온전히 되찾았다. 물론 밥을 후다닥 먹은 뒤에는 축구를 하러 달려 나갔지만. 외국인인 담임선생님은 한국 엄마들의 교육열을 익히 알고 계시는 눈치였다. 나는 또 한 명의 '크레이지 맘'으로 찍힌 것 같아 한동안 담임선생님을 피해 다녔다.

엄마 욕심을 내세우다 부끄러웠던 일이 또 있다. 역시 3학년 두 번째 학기의 방과 후 수업을 신청할 때의 일이다. 만날 하는 운동이 지겹지도 않나 싶어 딱 하루 공부 비슷한 수업을 신청

했다. 대치동 엄마들이 스펙을 쌓으려고 가르친다는 디베이트(영어 토론 수업)였다. 제주에도 국제학교 학생들을 대상으로 대치동 영어 선생님 몇 분이 내려와 있다는 얘기가 돌았다. 3학년 꼬맹이를 그런 곳에 보내겠다고 하면 곰서방이 펄펄 뛰며 반대할 게 뻔했다. 그런데 학교에 디베이트 수업이라니! 이게 웬 떡이냐 싶어 덥석 물었다. 그런데 아기를 데리고 조그만 스마트폰 창으로 꼬물거리다 보니 뭔가 오류가 났나 보다. 같은 요일에 두 과목을 신청한 것이다. 한 과목은 디베이트, 그리고 다른 한 과목은 마술이었다! 한국 학교였다면 선생님은 먼저 부모에게 연락했을 것이다. 그런데 이 학교에선 아이에게 선택권을 주었다. "소굴아, 뭐 듣고 싶니?" 소구리의 선택은 당연히 마술이었겠지.

또 한 번 얼굴이 화끈거렸다. 아이에게 물어보지 않고 엄마 마음대로 했다가 딱 걸린 거다. 그래서 다음부터는 직접 고르도록 놔뒀다. 소구리의 방과 후 시간표는 철저하게 운동으로 채워졌다. 가뜩이나 까맣던 소구리는 안경을 쓴 자리만 허옇게 남은, 진짜 '촌놈'이 되었다.

지력을 지탱하는
체력!

제주에 내려오기 전, 공부뿐만
아니라 체력을 기르는 것 역시 얼마나 중요한지 새삼 느꼈던 일
화가 있다.

내게 아들의 이데아가 있다면 도서관에서 책만 파는 범생
이가 아니라 어깨가 딱 벌어진 운동선수 타입일 것이다. 그런데
모든 이데아가 그렇듯이 실제와는 다소 차이가 있다. 소구리의
소싯적 별명 중 하나가 '체육복 소년'이었다. '체육 소년'이 아니
라 아쉽게도 가운데에 한 글자가 더 들어가 있다. 운동을 잘해
서가 아니라 '추리닝'만 입고 다녀서다. 사연이 있다.

초등학교 1학년 때의 일이다. 가끔 소구리를 봐주시는 뇌

발달 전문가 선생님이 그러셨다. 소구리에게 시급한 것은 근육 운동이라고. 지적인 발달과 몸의 발달 사이에 몇 년의 간극이 있어서 당장 집중적인 운동치료를 받아야 한다는 것이었다. 아뿔싸.

산후조리원 시절 다른 엄마들이 소근육이 어떻고 대근육이 어떻고 운운하던 것을 흘리듯 스쳐지나간 것이 생각났다. 어미는 논문을 쓰고 일하느라 바빠 결정적 시기들을 놓치고, 할머니는 아이를 점잖고 예의 바른 신사로만 키우셨던 탓에 소구리의 운동량은 또래 아이들보다 절대적으로 부족했다. 조언을 주신 선생님이 워낙 대안적인 방식의 출산과 태교와 양육을 권하는 분이어서 모든 지침을 따르기는 현실적으로 어려웠다. 우리 부부는 그 양반의 권고를 그만큼 강력한 처치가 필요하다는 뜻으로 받아들였다.

곰서방이 수소문하여 방배동에서 공동으로 어린이 체육관을 운영하는 선생님 두 분을 만났다. 굳이 타입을 나누자면 한 분은 축구형, 다른 한 분은 야구형. 교사만 학생을 판단하는 것이 아니다. 학생도 스승을 고른다. 다행히 두 분 모두 소구리와 합이 맞았다. 시험 삼아 주 2~3회 한 시간씩만 보내 운동을 시켜보자던 것이 곧 매일 두 시간, 경우에 따라선 매일 세 시간씩 이어졌다.

소구리는 학교에 체육복을 입고 등교하기 시작했다. 제딴에는 옷 갈아입는 시간조차 아까워서다. 수업이 끝나자마자 책가방을 던져놓고 간식 가방만 들고는 체육관에 갔다. 바야흐로 체육복 소년의 탄생이다. 체육복은 매일 땀에 절었다. 운동에 고팠던 소구리는 내일은 또 못 놀 것처럼 놀았다. 달리기, 윗몸일으키기, 줄넘기, 방방이(트램펄린) 같은 기초체력운동을 하면서 체육관을 전세 낸 아이처럼 뛰다가 지치면 선생님들이 사주시는 짜장면을 먹고 세상을 다 가진 아이처럼 행복해했다. 엄마에게 말하지 못하는 학교에서의 고민도 선생님들과는 나누는 눈치였다. 이를테면 남자아이들 사이의 알력이나 위계 같은 것.

어떻게 이렇게 단단한 라포가 생겼을까 의아하던 차에 우연히 체육 선생님과 소구리가 야구 이야기를 나누는 걸 들었다. 소구리는 선생님 차의 문이 채 열리기도 전에 우선 말부터 조수석으로 던져 넣었다. "쌤, LG 이진영 선수가 어제~." 선생님은 엄마나 아빠처럼 대답하지 않았다. "야, 어젠 진짜 아깝더라." 말투나 태도나 내용이나 딱 소구리처럼 말씀하셨다. 아, 이거구나! 아이의 말을 평가하지 않고 있는 그대로 받아주는 것. 선생님들을 만나면 소구리는 방언이 터진 사람마냥 수다를 쏟아냈다.

또 다른 효과도 있었다. 두 분의 체육 선생님은 엄마 아빠를 대신해 온몸으로 뛰면서 스트레스를 푸는 법을 알려주셨다. 이른바 '남자가 몸을 쓰는 법'을 알려주는 롤 모델이랄까. 곰서방은 스트레스를 받으면 집에서 조용히 음악을 들으며 스트레스를 푸는 '히키코모리형'이다. 180센티미터에 육박하는 늘씬한 키에 덩치는 산처럼 커다랗지만 정작 몸을 활용하는 일에는 게으르고 미숙한 편이었다. 특히 집단적으로 몸을 부딪히며 공으로 노는 수컷들의 놀이에 매우 취약했다. 반면 소싯적에는 '체육의 여왕' '달려라 하니'였던 나도 막상 소구리에게 운동이 필요할 때는 아기에게 묶여 옴짝달싹할 수가 없었다. 결정적으로 부모가 새끼에게 뭘 가르치려는 순간 관계는 왜곡되고 만다. 왼손과 왼발이 동시에 나가는 소구리를, 나는 도저히 이해할 수 없었고, 그렇다고 녀석에게 신체의 작동원리를 차곡차곡 가르칠 만한 지식도 없었다. "아휴, 그게 왜 안 되니?" 이런 말은 하지 않느니만 못하다.

엄마들은 소구리와 나를 이해하지 못했다. 구체적인 종목도 없는 생활체육에 온 시간과 자원을 쏟아붓는 이유를. 영어학원도, 논술학원도, 사고력수학도 다니지 않는 대신에 소구리는 체육관에서 뛰어놀았다. 히딩크 감독이 국가대표들에게 강조했듯이 기초체력운동만 하면서 말이다. 승급시험을 봐서 단을 따는 것도 아니고 무슨 종목을 '마스터'한 것도 아니지만, 그 덕분에 이나마 여기서 버티고 있는 것일 게다.

실제로 주니어 스쿨에선 운동만 하다가 시니어에 올라가 공부로 두각을 나타내는 아이들의 사례도 있었다. 반대로 주니어에서 공부만 하다가 지레 지쳐버린 아이들도 수두룩하게 보았다. 찾아보니 신체 활동이 두뇌 활동과 어떻게 연결돼 있는지를 보여주는 연구사례도 많았다. 나는 우리 부부의 판단이 틀리지 않았다는 확신을 갖게 되었다. 일부 한국 학교에서 하는 것처럼 운동장을 없애고 체육 시수를 줄여서는 결코 끝까지 공부할 수 없다. 당시의 강도 높은 운동 처방은 제주로 떠나온 지금까지도 소구리 인생에서 결정적 한 방이었다고 믿는다.

미술놀이

전공자는 아니지만 색채나 조형에 관심이 많은 편이라 아이들과 자주 미술놀이를 한다. 가장 활용도가 높은 재료는 마스킹 테이프다. 바닥에 도형을 그리기도 쉽고 떼어내기도 쉽다. 다양한 색깔과 문양의 마스킹 테이프 세트를 갖춰놓으면 아이가 저 혼자 놀기도 좋다. 크기가 다른 눈알과 폼폼도 유용하다. 갑작스러운 친구들의 방문을 성공적으로 방어해주는 효자 아이템이다. 가끔은 양배추 우린 물과 오렌지 주스로 산·염기실험도 하고, 동네 친구들을 불러다 쿠키도 굽는다. 목욕탕에 무독성 물감을 풀어주면 아이들은 마치 세상을 다 가진 듯 놀곤 한다.

부모의 콤플렉스 너머에
아이가 있다는 것

소구리처럼 체육도 음악도 안 되는 친구들이 도전해볼 만한 분야가 있다. 바로 연극이다. 운동으로는 동네 2부 리그 수준에도 못 미치고, 오케스트라 단원으로는 첼로 말석에나 겨우 끼어 앉는 소구리도 마침내 끼를 발산할 무대를 발견했다. 물론 시작은 심히 미약했다.

소구리는 어린이집 시절부터 한 번도 무대의 주인공인 적이 없었다. 같이 노는 친구들이 하나같이 에쁘고 늠름해서 크리스마스 뮤지컬의 주연, 조연, 내레이터까지 다 할 적에도 소구리는 꿋꿋이 '요정1', '요정2'에 머물렀다. 유치원 말년에 최고로 출세해서 맡은 역할이 〈라이온 킹〉의 사자 '앞발'(여러 명이 모여

사자 한 마리!) 정도. 어미로서는 그다지 신나는 일이 아니었지만 어쩌겠는가. 무대 아래의 소구리도 내 맘대로 안 되는데, 무대 위의 소구리는 더더욱 능력 밖이었다. 다행인지 불행인지 크리스마스 학예회야말로 알파요 오메가였던 유치원 시절과 달리 초등학교에서는 연극이 생소한 분야가 됐다. 소구리의 무대 인생은 그렇게 흐지부지되고 마는 줄 알았다.

그런데 아니었다. 입학 전에 눈여겨보지는 않았지만 이 학교에는 3대 행사가 있었다. 겨울방학 즈음의 크리스마스 콘서트, 여름방학 직전의 아트 페스티벌, 그리고 봄방학 언저리의 연극제. 가장 크고 중요한 행사는 아무래도 학년 말의 여름 콘서트다. 대규모 오케스트라 공연과 함께 6학년 졸업생으로만 구성된 연극을 따로 올리는데, 학부모가 아니더라도 관심을 가지고 지켜볼 만한 수준이다. 크리스마스 콘서트 역시 학생 모두의 참여에 의의를 둔 대규모 합창과 오케스트라 공연이 펼쳐진다. 그때 곁들여지는 작은 연극은 저학년 재롱잔치로 꾸며진다. 아기천사를 맡은 유치부 아가들이 날개옷을 입고 자유분방하게 뛰노는 모습을 보면 귀여워서 오금이 저릴 정도다. 봄방학 무대는 6학년을 제외한 모든 초등학생이 참여하는 연극제다. 단일 무대로는 가장 크고 오롯이 뮤지컬이 중심이 되는 행사이므로, 무려 오디션까지 치르는 것 같았다.

학교의 빅 이벤트인 뮤지컬에 소구리의 자리가 있을 줄은 몰랐다. 첫 무대에서는 다른 3학년 친구들과 함께 '별님1', '별님 2' 정도로 지나갔다. 지난해까지도 대부분의 4학년들이 '쥐떼'와 '아이들' 역할을 했다. 발레로 치면 군무에 해당하는 역할들이다. 그런데 5학년이 되어서는 무슨 바람이 불었는지, 〈조셉 앤드 더 어메이징 테크니컬러 드림코트〉Joseph and the Amazing Technicolor Dreamcoat〉(제목이 너무 길어 국내에서는 〈요셉 어메이징〉으로 알려져 있다)의 주인공 '조셉' 역 오디션을 보겠다는 거다. 코웃음이 나왔다. 나는 고슴도치 엄마는 아니어서 아무래도 마음속에 소구리에 대한 편견이 있었던가 보다. 여자처럼 가늘고 높은 목소리에 외모도 주인공감은 아니라고. "소굴아, 무리하지 마." 아아, 엄마씩이나 되어가지고, 그걸 응원이라고.

내놓고 응원하지 못하는 이유가 있기는 했다. 오디션 당일이 되기 전까지 아들 녀석은 내게 오디션의 '오'자도 꺼낸 적이 없었다. 노래 연습은 당연히 하는 꼴을 못 봤다. 그런데 아침에야 메일함을 열어보고는 "악! 친구가 악보 보내주기로 했는데, 안 왔어!" 하고 울상을 짓는 것이 아닌가. 뒤늦게 들어보니, 사정은 이랬다. 아이들은 저희 나름대로 이 오디션을 둘러싸고 불꽃 경쟁을 벌였던 것이다. 사물함에 넣어두었던 악보는 어찌 된 일인지 사라져버렸고, 자칭 타칭 덤앤더머, 막상막하, 도토리 키재기 커플이었던 절친은 악보를 빌려달라는 부탁에 "싫어! 나도 조셉 하고 싶어!"라며 단칼에 거절했단다. 가장 진한 친구는 아니었지만 상당히 우호적인 관계의 다른 아이는 전날 부탁했던 악보를 깜빡 잊었던 거다. 나는 소구리의 자기관리능력과 인간관계를 두루 의심하며 학교에 보냈는데, 아이는 입이 찢어져서 돌아왔다.

"엄마, 나 파라오 됐어." "그게 뭐냐, 먹는 거냐." "아냐, 조셉 다음으로 좋은 거야. 주인공 급이라고." "잘했네. 악보는?" "예본이가 어떻게 알고 복사해 왔더라고. 잘 안 보이는 데는 따로 표시까지 해줬어." 여기서 예본이는 소굴이와 함께 학생회장을 하고 있는 여학생. 먼발치에서 소구리의 난관을 목격하고 미처 도움을 청하기도 전에 수호천사가 되어준 거다. 아이고, 예쁜 것. 소굴아, 너는 평생 여자들 덕에 살겠구나. 여자들한테 잘해라. 그런데 아쉽게도 조셉 역은 프랑스계 미소년인 레오에게 돌아갔고 소구리는 재빨리 세컨드 배역에 도전했다고.

파라오 배역은 생각보다 컸다. 이름만 이집트 파라오지, 엘비스 프레슬리를 모델로 섹시하게 해석한 서브 주연이었다. 주인공처럼 무게감 있는 역할은 아니었지만 옷차림이나 헤어스타일, 다리 떨기 등을 통해 적잖이 시선을 사로잡을 수 있는 매력적인 역이었다.

여러 우여곡절 끝에 배역을 따냈지만 소구리는 한 번도 연습하는 모습을 보여주지 않았다. 집에서는 고작해야 유튜브로 공연을 몇 번 찾아본 것이 다였다. 가족들에게마저 비밀주의를 고수한 것인지, 가장 가까운 사람들에게 비판을 듣기 싫었던 것인지. "애, 노래 한 자락 불러봐라." 하는 할머니 할아버지의 청에도 끝내 응하지 않아 우리로선 큰 기대를 가질 수가 없었다.

다만 담임 선생님과 예술 선생님이 의상을 부탁하셔서 열심히 만들기는 했다. "어미는 떡을 썰 테니 석봉이 너는 글씨를 쓰거라."였달까. 언제나 그렇듯이 엄마가 아이의 일을 대신할 수는 없다. 엄마는 엄마의 일을 할 뿐이다. 엄마가 자신을 위해 무언가를 한다는 것이 아이에게 무언의 메시지가 되기는 하겠지만 진짜 일은 아이 스스로 해야 한다. 그러므로 이번에도 소구리는 소구리의 전쟁을, 나는 나의 전쟁을 치렀다. 평소에는 그것이 공부이고, 시험이고, 친구였다면, 이번에는 뮤지컬 연습이었다. 나는 책을 사주고, 밥을 짓고, 간식을 싸주듯, 옷을 만들었다.

진짜 뮤지컬 속 엘비스처럼 가슴팍을 풀어헤치고 근육질 몸을 보여주면 더 멋졌겠지만 비쩍 곯은 소구리에겐 어울리지 않는 콘셉트였다. 그래서 조금이라도 몸이 커 보이는 쪽으로 방향을 잡았다. 해외 할로윈 업체에서 여성용 엘비스 의상을 주문했다. 반짝이가 들어간 벨벳 천으로 만든 것이었다. 엘비스 가발과 마이크, 이집트 파라오의 머리장식도 함께 있다. 국내 원단사이트에서는 금색 인조가죽과 다양한 색상의 반짝이 천을 골랐다. 외국인인 레오가 재료를 구하기 힘들 것 같아 조셉의 코트에 들어갈 무지개색 천도 같이 주문했다. 다행히 소구리의 메인 의상은 2주 만에 도착했다. 가장 작은 사이즈라도 소구리에게는 너무 커서 팔다리를 잘라내고 폭을 줄였다. 칼라에는 징을 박고 망토와 나팔바지에는 반짝이 천을 덧대 무대의상 같은 효과를 냈다. 남대문에서 산 보석으로 소매 끝과 바짓단을 장식하고 나니, 벌써 의상 리허설 날이었다.

다음 날 저녁, 가뜩이나 오락가락하는 제주의 봄에 그날은 귀신이라도 나올 듯 우중충한 날씨였다. 제주시와 서귀포시를 잇는 평화로에는 안개가 빽빽하게 끼었다. 곰서방과 거북처럼 기어 갔더니 객석은 이미 만원이었다. 소구리와 레오를 찾아 눈화장을 해주었다. 이집트 사람들처럼 눈가를 초록색으로 칠하고 금색이 섞인 아이라이너로 눈매를 길게 빼준 것뿐인데, 두 아이들은 어느새 배우처럼 변했다. 기도하는 심정으로 녀석들을 들여보냈다.

　막이 오르자 신전처럼 높은 계단 위에 파라오가 두 팔을 모으고 서 있었다. 소구리였다. 아뿔싸, 녀석은 눈을 강조하기 위해서였는지 안경을 벗고 있었다. 엄마에겐 상의도 통보도 없이 말이다. 시력이 4.5디옵터인 소구리는 안경을 벗으면 두더지가 된다. 대체 저 계단을 어찌 오르내리려고…. 우리 부부는 침도 못 삼키고 무대만 봤다. 우리에겐 각자 트라우마가 있었다. 한때 뉴스 앵커를 꿈꿨던 내게는 무대에 올라가기 전에 엎어지는 징크스가 있었다. 다른 이들의 질시를 받으며 역할을 따내고 귀신처럼 연습해 리허설까지는 성공하지만, 다 이루기 직전에 문턱에서 넘어지곤 했다. 스스로에게 브레이크를 걸고 핑계를 대는 버릇은 아마도 대학 시절 이후에 생겨났을 것이다. 남들이 은밀히 바라는 결정적인 실수, 나는 그 덫에서 벗어나지 못했다. 겨우 학교 뮤지컬이었지만 소구리가 그 덫에 걸려 넘어질까봐 내 속은 바짝바짝 타들어가고 있었다. 그런가 하면 곰서방은 아예 무대에 오르지도 못하는 사람이었다. 사람을 모으고, 각본을 짜고, 연출까지 도맡아 해도 정작 스포트라이트는 남에게 양보하는 타입이랄까.

그런데 소구리는 나도 그도 아니었다. 그냥 소구리였다. 계단에서 굴러떨어지지도 않았고 가사를 까먹지도 않았다. 장승처럼 서 있지도 않았고 사시나무처럼 떨지도 않았다. 소구리는 주연을 잡아먹지도 않고 전체를 해치지도 않으면서 자신의 존재감을 드러냈다. 우리가 보지 않는 곳에서 얼마나 어떻게 연습했는지는 모르지만 아이들은 무대 위에서 자연스러웠다. 더욱 다행인 것은 한 학기 내내 이어졌던 그 과정 속에서 친구들이 소구리를 마치 한국 학생들의 대표인 것처럼, 자기들 마음속의 주인공처럼 여겨주었다는 점이다. 물론 악보를 빌려주지 않은 단짝을 비롯해 역할을 놓고 다투던 아이들 모두 화해하고 말이다. 소구리는 아마도 그런 안정감 속에서 마음속으로 저 계단을 수십 번 오르내렸으리라. 눈을 감고도 다닐 수 있을 만큼. 부모의 편견과 징크스와 콤플렉스 너머에 새끼가 있다는 것. 그게 너무 기뻤다.

소구리가 처음부터 주연감은 아니었을 것이다. 맡은 역할도 엄밀히 말해 주인공은 아니었다. 그런데 녀석은 욕심을 냈고 도전했다. 그리고 길이 막히자 다른 길을 연구한 다음 다시 뛰어들어 최선의 결과를 만들어냈다. 그 과정에서 나는 무엇을 했을까. 기를 꺾는 말을 하고, 엄마 아빠가 겪어온 과거의 실패를 이야기하고, 온몸으로 근심과 걱정을 전달했다. "큰 역을 맡으면 주목을 받기는 하지만 한 번만 넘어져도 개망신을 당할 텐데. 두고두고 따라다니는 평생의 트라우마가 될 텐데." 그래서 소구리는 애초에 집에서 어떤 연습도 하지 않은 건 아니었을지. 누구보다 냉정한 가정의 비판자들 대신 함께 공연을 올리는 친구들을 지지자로 만들며 자신을 다져온 것은 아닐지.

여기서 잠깐, 소구리의 오늘을 만든 한 가지 비밀을 털어놓으려 한다. 학교 무대에선 평생 좋은 역할 한 번 못해볼까봐 엄마가 부렸던 꼼수다. 롯데월드 할로윈 퍼레이드의 사탕 왕자와 크리스마스 공연의 신데렐라 왕자로 내보낸 일 말이다. 왕자와 공주 놀이는 보통 유치원생 때 하는 것인데, 소구리는 그 단계를 거치지 못하고 자랐다. 그러나 인간사 새옹지마라고 초딩이 나이를 꽉 채워 신청한 덕분에 피 터지는 경쟁 없이 무혈 입성할 수 있었다. 물론 놀이동산 측의 기대와는 달리 잔뜩 긴장한 얼음 왕자였지만. 그때 소구리에게 들려준 얘기가 있다. "저 사람들, 사실은 다 호박이야. 오늘 지나면 다시는 안 볼 사람들이야. 그러니 실수해도 돼!"

호박마차의 마법이 마침내 이루어졌다.

창의융합교육의
현장

소구리의 학교에선 노는 것과 공부하는 것의 경계가 뚜렷하지 않다. 이 학교에서 공부란 머리에 억지로 욱여넣는 것이 아니라 자연스럽게 스며드는 것이다. 요즘 말하는 융합교육이 전 분야에 걸쳐 이뤄지고 있다. 예컨대 그리스-로마 역사는 서양문화의 뼈대나 마찬가지다. 우리 같으면 사람 이름이며 지명, 신화, 역사적 사건 등을 달달 외웠을 텐데, 여기선 그럴 필요가 없었다. 역사만이 아니라 모든 수업의 장에서 이 주제가 반복됐으니까.

3학년 때 로마군이었던 아이는, 4학년에 올라가 그리스군이 되었다. 어릴 때는 이겼고 커서는 졌다. 실은 두 번째 해에는 전쟁놀이를 언제 하는 줄도 몰랐다. 엄마들이 저마다 공들여 갑옷을 만들었던 3학년 때와 달리 한 학년 올라갔다고 저희끼리 알아서 다 했기 때문이다. 학급 블로그에 올라온 사진 속의 소구리는 하얀 티셔츠 위에 그리스군의 장식들을 대충 걸치고 있었다. 이렇게 편할 수가!

아이들은 미술시간에 풍선에 종이를 붙여 그리스, 로마 병사들의 투구를 만들었고, 카드보드지를 구부려 방패도 만들었다. 조를 나눠 찾아온 자료로 팝업북도 꾸몄다. 학생들은 군대의 복식부터 가축, 숫자와 문자체계까지 스스로 연구했다. 인터넷을 뒤져 직접 자료를 찾는 일이 너무나 자연스러웠다. 조회시간에는 직접 만든 투구와 방패에 집에서 만든 갑옷까지 차려입고 로마 군대를 묘사한 소극을 공연했다. 로마군은 에티켓을 몰랐다. 손으로 음식을 집어먹고, 아무 데서나 트림을 했다. 아이들이 입으로 방귀 소리를 낼 때마다 어린이 관중들이 빵빵 터졌다. 공연은 일종의 리허설이었다. 연극이 끝난 뒤에는 운동장에 모여 로마군과 그리스군이 한판 전쟁을 벌였다. 실물 크기의 방패를 들고 삼삼오오 모여 귀갑진을 재현하는 데 깜짝 놀랐다.

미술시간에는 보물상자를 만들어오라는 과제가 나왔다. 알고 보니 문학수업과 연계된 것이었다. 아이들은 비밀의 상자에 관한 시를 배웠고 자신의 상자에 무엇을 넣을지 고민했다. 소구리는 빈 티슈상자를 붙들고 대강 끼적거리다 잠이 들었다.

한눈에 보아도 허접스러웠다. 옛날 같으면 내가 밤새 둔갑시켜 놓았겠지만 일부러 미완성 상태로 놓아뒀다. 다 뜯어버리고 새로 만들어주고 싶은 욕망과 싸우기는 했지만 말이다. 다음 날 아이는 몹시 실망해 학교에서 돌아왔다. 커다란 라면박스로 만든 해적들의 보물상자를 비롯해 친구들이 갖가지 멋진 아이디어를 내놨던 것이다. 그 와중에 소구리의 미완성 티슈 상자는 초라하기 짝이 없었을 게다. 소구리는 추가 과제를 해오겠다며 평가를 미뤄달라고 선생님께 부탁드렸단다. 그러고는 레고로 뚜껑을 여닫을 수 있는 보물상자를 만들었다. 크기는 티슈상자보다 작아도 색채의 배합이나 기능 면에서 한결 완성도가 높았다. 여기서 소구리가 배운 것은 시나 미술만이 아니었을 것이다. 한 번 실패해도 다시 도전하고, 그 과정에서 다른 사람을 설득하는 법까지 배운 것이다.

소구리를 보며 가끔 이런 생각을 한다. 만약 내가 이렇게 역사와 지리를 배웠다면 시험 문제는 다 맞히고도 머릿속에 아무런 지식과 지혜가 남지 않는 일은 없었을 것이라고. 까만 글자들이 가슴까지 가지 못하고 뇌에서 하얗게 휘발되는 대신 한국사, 동양사, 세계사의 이야기들을 씨줄 날줄 삼아 오늘을 사는 통찰력의 양탄자를 짰을 것이라고. 언젠가 인남식 국립외교원 교수가 이야기했던 것처럼, 그 양탄자를 타고 날아다니며, 한반도와 국제사회의 미래를 내다보는 전망을 키웠겠지. 내가 이렇게 수학과 과학을 배웠다면 문제풀이까지 통째로 외워 경시대회에 나가는 대신 수의 비밀과 자연의 신비를 시로 읊는 어른이 되었을 것이다. 내가 이렇게 체육을 배웠다면, 내가 이렇게 음악을 배웠다면, 내가 이렇게 미술을 배웠다면 내 몸을 다루는 기쁨을 알고, 건강함이 뭔지, 아름다움이 뭔지 저절로 알고 행복해졌을 것이다. 내가 이런 학교에 다녔더라면, 내가 이런 교육을 받았더라면….

소구리와 친구들만이 아니라 우리 아이들 모두가 이렇게 공부할 수 있다면 아이들은 서로 경쟁하는 대신 자기 자신의 성취와 기쁨을 위해 살아갈 것이다. 시험 점수 하나하나에 일희일비하지 않고, 내일을 위해 오늘을 저당잡히지 않으며, 같은 반 친구를 죽도록 미워하지 않을 것이다. 더 이상 꽃다운 나이에 죽어나가지 않을 것이다. 더 이상 괴물이 되지 않고도 살아갈 수 있을 것이다.

내가 쓰는 이 글이 가진 자의 자랑으로만 받아들여지지 않기를 빈다. 요행히 나와 아이들이 거기서 벗어났다 해도 지금 당장 한국의 교육 현실을 바꾸지 않으면 그 참혹한 결과는 언젠가 이 땅에 살아가는 우리 모두를 덮칠 것이므로.

모국어 교육,
왜 중요할까?

옛날 어느 마을에 '국영수'라는 아이가 살고 있었어요. 영수는 이름만큼이나 공부를 잘했어요. 초딩 때는 영어를 잘해서 '영재'라고 불렸고, 중딩 때는 수학을 잘해서 '수재'라고 불렸어요. 영수는 우등생 놀이가 정말 재미있었어요. 그런데 고딩이 되자 상황이 달라졌어요. 전교에서 날렸던 친구들이 길고 복잡한 수능 앞에서 맥을 못 추기 시작한 거지요. 영수 역시 마찬가지였지요. 문제는 국어였어요. 영어나 수학이 아니라 우리말 문제가 무슨 뜻인지 몰라서 풀지 못하는 문제들이 수두룩했지요. 고딩 성적을 좌우하는 건 국어라더니….

영수는 비로소 자기 이름이 그냥 영수가 아니라 국영수라는 것을 깨달았어요. 국가, 국토, 국민, 국방…. 이름만 들어도 후덜덜한 선조들이 세워주신, 뼈대 있는 국씨 가문의 후예란 것을요. 이 피를 물려받은 영수의 사촌누나 '국사'는 고딩 때까지는 별 볼일 없이 비리비리하더니만 대딩이 되자마자 환골탈태해서 공시족(공무원 시험 준비생) 사이에서 여신 대접을 받고 있었어요. 그러고 보니 추종자들 사이에선 '한국사능력시험'까지 유행하고 있더라고요. 아뿔싸! 영수는 뒤늦게 국어 문제집 열 권을 풀고 문학전집도 읽기 시작했어요. 대학 입시를 앞두고 펼쳐진 국영수의 한 판 승부! 이 모험은 과연 성공할 수 있을까요?

정치권에 '고소영', '강부자'가 있다면 언론계에는 '조중동'이 있고 교육계에는 '국영수'가 있다. 하지만 영유아 조기교육의 패러다임이 영어 중심으로 이동하면서 국영수 과목이 너무 홀대받고 있는 건 아닌지 모르겠다. 하지만 우리의 절대적 언어 환경이 국어인 한, 아이들의 사고 구조를 지배하는 언어 역시 국어이고, 그 녀석들의 인생을 구성하는 언어 역시 국어일 것이다. 초딩에서 중딩으로, 중딩에서 고딩으로, 고딩에서 대딩으로, 대딩에서 직딩으로, 그러니까 삶의 한 장에서 다음 장으로 넘어갈 때마다 그 수준과 자격을 묻는 모든 시험 문제가 국어로 출제된다는 뜻이다.

소구리는 따로 가르치지 않아도 한글을 읽었고 마음이 동하면 지금껏 동시도 곧잘 써왔기에 나는 아이의 모국어 능력을 믿어 의심치 않았다. 말은 또 어찌나 청산유수인지, 논리 싸움을 할 때는 아빠 엄마가 밀리는 일도 종종 있었다. 그런데 학년이 높아지면서 아이의 국어 능력에 대한 믿음이 흔들리기 시작했다.

3학년 첫 학기의 일이었다. 오랜만에 소구리 책가방을 정리하다 국어 활동지를 봤다. "토끼가 새끼를 배는 기간은 얼마인가요?" 빨간 줄이 그어져 있기에 대체 뭐라고 답했나 보니, "그늘에서 새끼를 낳는다."였다. 이거야 원, 동문서답에도 정도가 있지. 소구리는 '(새끼를) 배는' 것이 무슨 뜻인지, '기간'이라는 한자어나 '얼마'라는 우리말이 정확히 무슨 뜻인지 몰랐던 거다. 셋 중 하나만 알았어도 미루어 짐작해 풀었을 텐데.

돌이켜보니 1학년 초에 "포유류에 속하는 동물을 세 가지 쓰시오."라는 과제를 받고는 '고래' 외에 별 뾰족한 답을 못 썼던 장면도 떠올랐다. '포유류'라는 말이 어렵다고 하기에 "알 대신 새끼를 낳고 젖을 먹여 키우는 동물"이라고 가르쳐주었더니, 빙긋 웃으며 '엄마'라고 쓰는 게 아닌가. 기가 막혔지만 꾹 참고 한 가지 힌트를 더 주었다. "어떤 집에서는 키우고 어떤 집에서는 키우지 않는데, 되게 귀여워." 나는 개를 염두에 두고 말했지만 소구리는 '아기'라고 썼다. 당시엔 동생을 본 경험이 워낙 압도적이어서 그런 것이라고만 여겼는데, 이제 보니 아이의 머릿속에는 '고래, 개, 사람(엄마, 아기) 〈 포유류 〈 동물'과 같은 사물, 언어, 지식의 체계가 전혀 없었던 것이다. 공부를 한다는 것은 언어가 가리키는 개념을 알고 지식을 구조화·체계화하는 일이다. 단순히 포유류라는 단어의 뜻을 알고 모르는 차원의 문제가 아니었다.

소문으로만 들었던 문제가 마침내 우리에게도 시작됐다는 것을 깨달았다. '영유(영어유치원의 줄임말)' 출신 아이들이 초등학교에 진학해 언어 때문에 일대 혼란을 겪는다더니, 소구리도 예외는 아니었다. 개중에는 머릿속 국어 회로와 영어 회로가 엉켜 두 언어 모두 하향 평준화가 돼버리는 아이들도 있다고 했다. 집 근처 국공립 어린이집에 자리가 없었던 것이 이렇게까지 돼버렸다. 자의 반 타의 반으로 몇 년 동안 취학 전 조기 영어교육에 아이를 노출시키면서 다른 친구들이 짬짬이 홈스쿨링 논술 학습지를 풀거나 논술학원에 다니는 것을 지켜봤다. 로드 매니저처럼 아이를 이끌 능력이 없으니 지레 포기하기도 했지만, "어미가 국어 선생인데 그 피가 어디 가겠어?"라고 방심했던 것 같다. 초등학교 입학을 앞두고 친구 엄마들이 "논술 팀을 짜자."고 제안할 때도 "논술을 잘못 배우면 혼자 힘으로 생각하는 법을 모르게 된다."며 다른 팀원들의 김까지 쭉 빼버렸었다.

곰서방은 한 술 더 떴다. "전집을 사면, 읽지도 않는 책을 쌓아두기만 한다."는 얘기를 어디서 들었는지, 소구리가 여섯 살이 될 때까지 책 한 권 못 사게 했다. 덕분에 소구리는 할머니가 사주신 낱권 전래동화책 몇 권을 마르고 닳도록 읽었다. 오죽하면 친구 엄마가 놀러 와서 텅 빈 아이 방을 보더니 "전집을 사줘야 책 읽는 습관이 들지." 하고 혀를 찼을 정도다. 영어책 역시 마찬가지여서 친구들이 열 권이나 스무 권짜리 챕터북을 읽을 때도 소구리는 이솝우화 몇 권을 마르고 닳도록 읽었다. 친구 엄마 말에 자극받아 뒤늦게 아동도서계를 강타한 'W' 학습만화 시리즈를 사주었다. 책에 굶주렸던 소구리는 먹고 자는 일도 잊고 만화에 몰두했다. 얼마나 열심히 봤는지 눈이 빠르게 나빠져 안경까지 쓰게 됐다. 만화 속 캐릭터들의 과장된 말투와 행동, 농담도 따라 했다. 웃음이 삐져나오는 건 '크크크', 슬퍼서 눈물이 나오는 건 '주르륵', 화가 나서 주먹을 쥐는 건 '부르르'로 표현했다. 돌이켜보니, 마음에 걸리는 게 한두 가지가 아니네.

제주국제학교는 교육부 산하가 아니다. 그렇기 때문에 과감한 재량교육을 할 수 있다. 하지만 얻는 것이 있으면 잃는 것도 있는 법. 국어나 국사 수업을 받기는 하지만 일반학교에 비해 수업 시수가 절대적으로 부족하다. 국제학교의 채용 기준에 따라 영어가 능통하며 인터내셔널 바칼로레아 International Baccalaureate

(국제 학력 평가 시험)를 가르칠 수 있는 내국인 선생님도 많지 않다. 이런 환경에서 동년배 아이들이 학교에서 배우는 진도를 따라잡고 국어 감각을 잃지 않는 것만도 기적 같은 일이다. 결국 이를 보완하는 것은 엄마들의 몫이다. 개중에는 그 시간에 영어책 한 줄 더 읽고 영어 숙제 한 가지 더 해가는 걸 바라는 분도 계시겠지만, 이미 생후 몇 년의 절대적 시기를 한국적 환경에서 자라온 우리 아이들이 탄탄한 모국어 기반 없이 학문을 한다는 것은 거의 불가능에 가깝다.

내가 국어교육 홈스쿨링을 위해 제일 먼저 한 일은 교과서를 구하는 것이었다. 수능 전국 수석들이 인터뷰할 때마다 하는 이야기가 있다. "학원 과외 없이 교과서만으로 공부했어요." 이거야 뭐, "성형외과 안 가고 김태희 됐어요." 내지는 "피부과 안 다니고 고현정 됐어요."만큼이나 얄미운 클리셰지만 여기에는 일말의 진실이 있다. 클렌징을 소홀히 하고 피부 미인이 될 수 없듯 교과서를 무시하고 우등생이 될 수는 없더란 얘기다. 국어교과서는 국내 최고, 세계 제일, 우주 최강의 국어교육 전문가 여러 명이 몇 년 동안 머리를 싸매고 연구해서 만드는 정수 중의 정수다. 요즘엔 활동사료도 훌륭해서 오리고 붙이고 재미나게 공부할 수 있다. 내가 국어교육과 출신이어서 하는 얘기, 맞다.

또 하나의 방법은 신문을 읽히는 것이었다. "요즘 같은 인터넷 시대에 아직도 신문을 보는 사람이 있느냐?"며 구닥다리

취급을 받기도 하지만 나는 아이들에게 반드시 신문을 읽혀야 한다고 믿는 사람 중 하나다. 우리 아버지는 아무리 살림이 쪼그라들어도 신문이나 잡지 같은 읽을거리들을 꾸준히 구독하는 분이었다. 사실 아버지는 광고 전단 하나도 함부로 바닥에 떨어져 있는 것을 못 보는 '활자중독'이셨다. 당신 무릎에서 신문을 읽으며 배운 한자어들이 나를 만들었다. 고등학생이 돼서도 신문은 나의 힘이었다. NIE(신문활용교육)라는 말도 아직 없었던 시절에 아버지는 사설이나 칼럼을 스크랩해서 내 책상 위에 올려두셨다. 신문 속에는 내가 모르는 어른들의 세계가 있었다. 명쾌한 칼럼, 촌철살인 만평, 그리고 모든 것을 압축적으로 보여주는 사진 한 장! 어느 신문사가 주최한 논술대회에서 내가 1등으로 뽑혔을 때 학교 국어 선생님이 불러다 "누가 봐줬느냐?"고 물으셨다. 무슨 뜻인지 모르고 "혼자 썼는데요."라고 했다가 혼난 일도 있었지만, 대체로 신문 읽기는 남는 장사였다.

내 아버지의 신문 사랑 덕분에 나는 결국 기자가 됐다. 그리고 그 사랑은 외손자에게까지 이어졌다. 소구리는 〈소년중앙〉과 〈소년조선일보〉의 어린이 기자로 활동하면서 재미 로봇공학자인 데니스 홍 UCLA 기계공학과 교수와 쿠미 나이두Kumi Naidoo 그린피스 사무총장 등 인생의 멘토들을 인터뷰했다. 그리고 이런 경력들은 교지인 〈아일랜더Islander〉의 주니어 에디터로 활동하는 데도 도움이 되었다. 결국은 모국어가 문제였던 것이다.

엄마들은 말한다. 내 새끼만 부럽다고. 한국에서 공교육을 체험한 대부분의 엄마들은 자신들이 누려보지 못한 유년기를 보내는 아이들을 통해 대리만족을 느낀다. 녀석들에게는 매일이 축제다 음악제, 연극제, 미술제, 체육대회…. 잠깐 앉아 숨 고를 틈도 없이 논다. 가끔 엄마 속의 상처받은 아이가 튀어나와 질투를 할 만큼, 녀석들은 현재를 살고 있다.

반장이 되고
싶었던 이유

5학년 첫 가을학기, 소구리네 학교에 선거철이 돌아왔다. 한국 학교로 치면 반장이나 학생회장에 해당하는 '스쿨 카운슬' 선발 행사다. 소구리는 또다시 흥분했다. 3학년 때 요행히 신입생들의 지지를 얻어 학생회장이 되었던 체험이 꽤 강렬했던가 보다.

내 자식이긴 하지만 소구리가 딱히 카리스마가 있거나 리더십이 남다른 타입은 아니다. 수컷들의 세계에는 아무리 나이가 어려도 '저 녀석은 대장으로 태어났구나.' 싶은 아이들이 있다. 덩치는 작아도 눈빛이 매섭다고 할까, 강력한 테스토스테론을 풍기는 녀석들이다. 이를테면 요구리가 그렇다. 요구리는 처음 간 곳에서도 팬을 만든다. 놀다 보면 적대적이었던 아이까지 끌어안는 포용력이 있다. 여자아이들은 요구리 옆에서 알짱거리다가 갑자기 뽀뽀를 해대고 남자아이들은 자석에 끌리듯 주위에 모여든다.

그런데 소구리에게는 그런 기운이 없다. 대장으로 태어난 아이는 아닌 것이다. 그런데도 아이의 마음은 선거에 꽂혀 있다. 정치가 좋은 건지, 특유의 축제 분위기가 좋은 건지 모르겠다. 아들이 하겠다는데, 말릴 수도 없고. 어떤 결과를 얻든 성장에 도움이 되기만을 바랄 뿐이었다. 이번에는 소구리네 반에서 방귀를 좀 뀌겠다 싶은 녀석들이 죄 출마했다. 정원 22명 중 후보만 14명이라니, 천성적으로 남 앞에 나서는 걸 싫어하는 아이들을 빼면 다 나간 것이다.

선거 연설도 하고, 포스터도 붙이고, 투표 직전까지 모의 여론조사에 따른 합종연횡도 치열하게 벌어졌다. 아이들의 세계라고 마냥 순수할 거라 생각한다면 순진한 거다. 자기들 나름대로 전략도 있고, 음모도 있고, 배신도 있다. 아이들은 진짜 정치를 경험하고 있다. 지난해에도 소구리네 반에는 후보들이 난립했다. 정원이 20명 남짓인 반에서 열댓 명 가까운 아이가 출마해 각축을 벌였던 것이다. 기존 학생들 사이에서 표가 분산되면서 새로 온 남자 아이 둘이 반장으로 선출됐다. 그런데 소구리와 상호동맹을 맺고 서로 한 표씩 밀어주기로 약속했던 친구가 나중에 고백했단다. "사실은 너를 찍지 않았다, 미안하다."고. 그 친구는 2위로 당선되었고 소구리는 한 표 차이로 떨어졌다. 나중에는 툴툴 털고 친구가 됐지만 쓰라린 배신을 맛본 소구리는 한동안 충격에 빠져 있었다. 이번에도 그럴까봐 아이는 한참을 걱정했다.

✳

그해 소구리는 선거구호를 "킵 캄 앤드 보트 저스틴, 보트 프란치스코 KEEP CALM AND VOTE JUSTIN, VOTE FRANCISCO"로 결정했다. 4학년 선거에서 영어 이름이 같은 팝스타 저스틴 비버를 내세웠다 실패한 뒤 이번에는 세례명이 같은 프란치스코 교황의 서번트 리더십을 공약으로 걸었다. 프란치스코 교황을 좋아하는 친구들이 많아서 반응이 괜찮았다고 한다.

사실 소구리가 학생회장이 되고 싶어하는 것은 연말 자선 바자 때문이다. 쿠키와 코코아를 팔아 돈을 벌어서 그 돈을 기부하고 싶었던 것이다. 임원이 아니면 바자에 나설 수가 없기 때문에 녀석은 선거에 집착했던 게나. 정치에라기보다는 사업과 자선에 관심이 있다고 볼 수 있겠다. 선거에 얼마나 마음을 썼는지, 그 며칠 전에는 교황님께 편지를 썼다. 자신의 마음이 친구들에게 전달될 수 있도록, 그래서 카운슬이 되어 성공적으로 바자를 열고 더 많은 이웃을 도울 수 있도록 하느님께 청원해달라는 내용이었다. 어린애의 치기로만 생각했지, 그렇게까지 간절한 줄은 몰랐다.

학교는 선거 연설을 하고 아이들에게 일주일간 생각할 시간을 주었다. 아이들이 말만 그럴듯하게 하는지, 실제 행동과 말이 일치하는지 지켜보라는 뜻이었단다. 소구리는 앞으로 나서고 싶은 마음을 누르고 친구들을 돕기 위해 노력했다고 한다. 그 결과 놀랍게도 당선이 됐다. 함께 당선된 여자친구 역시 학교에 자주 모습을 드러내지 않는, 오히려 무심한 부모의 아이였다. 그래, 아이가 회장이지, 엄마가 회장이냐. 예감은 적중했고, 소구리와 나는 1년 동안 평강했다.

캠프, 엄마와 아이의
상부상조

소구리의 셔틀버스를 기다리는 동안 동네 엄마들과 수다를 떨곤 한다. 6월의 어느 날, 저마다 곧 시작될 여름방학을 걱정하고 있었다. 살림이며 육아며 워낙에 똑 부러지는 한 친구가 물었다. "자기야, 소구리 여름캠프 어디로 보낼 거야?" "글쎄, 아직 생각을 안 해봤는데? 지난여름에 로봇캠프 보냈더니 괜찮더라고. 이번에도 비슷한 과학캠프나 좀 알아보지 뭐." "아니, 사기야. 그린 데 말고 영어캠프 말이야." "아…."

5월인가 싶더니 아파트 단지 입구에는 필리핀 여름영어캠프 전단지가 붙었다. 학원가에서는 영국에서 열리는 축구캠프며, 미국에서 진행하는 과학캠프 소식도 들려왔다. 캠프 장소가 무려 나사NASA다. 각 신문의 공부 섹션도 이에 질세라 제주국제학교 영어몰입캠프니, 해외 멘토링캠프니 하는 기사들을 실어댔다. 몇 년 전만 해도 대학생 공신들과 아이들만 떠나는 형태였는데, 요즘엔 ○○선생이나 ○○코치 같은 성인 멘토와 부모가 함께 떠나는 식으로 확대된 것 같다.

엄마들이 캠프에 열광하는 사정은 방학이 너무 길기 때문이다. 일반학교는 한 달, 국제학교는 두 달이나 된다. 주말 하루이틀만 아이들을 봐도 벅찬데, 한두 달을 에너지 넘치는 아이들과 부대끼려니 엄마들은 감당할 재간이 없는 것이다. 방학放學이란 말뜻처럼 학교에서 '풀려난' 아이들을 그대로 학원에 몰아넣자니 안쓰럽고, 그렇다고 아예 손놓고 아무것도 안 하자니 불안하고. 겉으로는 놀이처럼 보이면서도 교육적 효과가 있었으면 좋겠다 싶은데, 그런 일타쌍피, 이율배반적 니즈를 충족시키는 것이 바로 캠프다. 캠프에 보내는 동안만큼은 엄마들도 공식적으로 쉴 수 있으니, 아이들의 방학캠프야말로 엄마들의 힐링캠프인 셈.

그런데 문제는 돈이다. 기간과 지역 그리고 프로그램의 내용에 따라 수십에서 수백, 경우에 따라 수천만 원까지도 필요하다. 어지간한 여행보다 비싸다. 하지만 그럼에도 불구하고 욕심이 날 만큼 매력적인 조건이다. 영어든, 과학실험이든, 스포츠든

평소 하지 못했던 것들을 몰입해서 배우고, 짬짬이 풍광 좋은 곳에서 뛰어놀며, 물놀이도 하기 때문이다. 운이 좋으면 현지에서 인생의 멘토나 롤 모델을 마주칠 수도 있고 말이다.

캠프에 열광적인 것은 미국의 부모들도 마찬가지여서 존스홉킨스니, 하버드니, 스탠퍼드니 하는 명문대학교와 나사의 알짜 프로그램은 현지 수요만으로도 조기 마감된다. 여름방학 두 달 전은 우습다. 단적인 예로, 존스홉킨스 영재캠프는 한 해 전 겨울에 미리 시험을 치러둬야 한다.

따져보면 캠프는 근대 유럽의 명문가 자제들이 다녀왔던 '그랜드 투어Grand Tour'에 뿌리를 두고 있을지 모르겠다. 이름도 거창한 그랜드 투어 역시 똑같은 부모 마음에서 시작된 일일 터. 그랜드 투어란 짧게는 3~4개월에서 길게는 6~7년씩 걸리는 해외 견문여행이다. 17세기 영국에선 프랑스나 이탈리아로 그랜드 투어를 다녀오지 않으면 상류층 행세를 하기 어려웠다고 한다.

이런 흐름은 중산층으로까지 확대되면서 전 유럽의 대대적인 유행이 됐고 교통수단이 발달하기 시작한 18세기 후반에는 일반 시민계층도 동참했단다. 당대의 극성 부모들은 자식들에게 과외선생과 보디가드, 심지어 애인 겸 몸종까지 붙여 투어를 보냈다. 경제학자 애덤 스미스도 젊은 시절, 부잣집 자제의 과외선생으로 유럽 문물을 경험했다고.

물론 부작용도 있었다. 부모의 눈을 피해 문란한 생활에 빠져들거나 도박과 패션에 돈을 탕진하는 일들이 무시로 벌어졌다. 이른바 압구정 오렌지족의 유러피언 시조들인 셈이다. 그런데도 부모들은 왜 이런 출혈을 감당했을까? 당시 영국의 공교육이 엉망이었기 때문이란다. 그에 비하면 그랜드 투어의 커리큘럼은 꽤 탄탄해서 프랑스와 이탈리아에서 인문학 수업을 듣고, 박물관과 음악당 그리고 미술관을 다니며, 전문가로부터 예체능 교육을 받을 수 있었다고 한다.

아뿔싸! 어쩜 이렇게 전단지 문구랑 똑같은 걸까. 오늘날의 어학연수나 조기유학, 심지어 여름캠프의 모태가 바로 그랜드 투어였던 셈. 300~400년 전 유럽 아빠들(당시 가문의 결정권자는 아빠들이었으므로)이나 오늘날의 열혈 엄마들이나 자녀교육에 대한 열망만큼은 도긴개긴인 거다.

그냥 듣는 것과 직접 가서 보는 것, 그저 보는 것과 온몸으로 체험하는 것 사이에는 메울 수 없는 간극이 있다고 믿는다. 견문을 넓힌다는 것은 바로 그 차이에 눈뜬다는 뜻이다. 어릴 때부터 아이의 견문을 넓혀주겠다는 엄마들의 열정을 단순히 극성이라고 나무랄 일만은 아닐 것이다.

다만 논란의 여지가 있는 것은 그 시기다. 요즘엔 견문여행의 시기가 점점 빨라지는 추세다. 우리 세대는 배낭여행과 어학연수로 해외여행의 효과를 몸소 체험했다. 그 세대가 부모가 된 지금, 안 그래도 우리보다 10년은 빨리 늙는 '선행 세대' 아이들에게 좀 더 일찍 문화적 충격을 맛보게 하려는 건 아닌지. 한편으론 정작 뭘 좀 보고 듣고 알 만한 5학년 이상이 되면 방학이라고 몇 달씩 여행하기 힘든 것도 사실이다. 초등학교 고학년만 해도 국제중이다 뭐다 실질적인 입시 준비에 들어가야 하니 말이다. 돈도 돈이지만 이제부터는 시간 싸움이다. 안타깝고 불쌍하지만, 이것이 우리 교육의 현실. 이래저래 캠프조차 조기교육에서 자유롭기 힘들게 생겼다.

그런 연유로 한동안은 소구리를 국내 캠프에만 보냈다. 이미 학비만으로도 상당히 무리를 하는 데다가 아이 혼자 해외로 보냈다간 끼니도 거르고 올 것이 뻔했기 때문이다. 국내 캠프는 초등학교 1학년 때 당일캠프를 시작으로 이미 몇 번의 경험이 있어, 심적으로 크게 부담이 가지 않는 것도 이유였다. 그간 나름대로의 자료조사 끝에 소구리에게 적당하다 싶은 캠프들을 추렸다. 이과 성향의 아이들에게 맞는 것으로는 세계적으로 인정받은 교육용 로봇인 벡스VEX를 활용한 로봇캠프VEX Robotics Korea National Championship와 KAGE 영재교육원이 주최하는 영재캠프가 있다. 그리고 문과 성향의 아이들이 재밌어할 것으로는 〈코리아헤럴드〉가 주최하는 외교캠프도 눈여겨 볼 만 하다. 이밖에 주변에서 성향이 비슷한 아이들이 참석해보고 반응이 좋았던 것으로 민족사관고등학교의 리더십 캠프와 용인외고의 글로벌 캠프도 있었다.

먼저, 벡스 로봇 캠프는 서울대 물리학과의 우종천 교수가 은퇴 후 장학재단을 설립해 들여온 것이다. 벡스는 미국에서 가장 큰 로봇대회를 운영하는 탄탄한 플랫폼이고, 고등학생부 우승자는 매사추세스공과대학교MIT나 카네기멜론대학교 진학 시에 가산점을 받을 정도로 인정받는다(정혜과학재단에서 주최하는 벡스 로봇 캠프는 2015년 여름부터 중·고등학생만을 모집 대상으로 한다).

교육용 로봇을 활용한 대회는 벡스 외에도 일반적으로 잘 알려진 레고 마인드스톰 대회 등을 비롯해 다양하게 개최되는 편이다. 국내에서도 로봇을 스펙 삼아 카이스트와 같은 명문대 진학이 가능하다. 그러니 강남이나 목동에는 유치원 시절부터 로봇 학원에 다니고 공대생에게 과외를 받으면서까지 전문적으로 로봇 대회를 준비하는 영재들이 수두룩하다.

나는 로봇선행학습을 받지 않은 소구리의 실력이 그 친구들과 경쟁할 만한 수준은 안 되리라고 판단했다. 하지만 당시 벡스 캠프는 국내 도입 초기단계였다. 나는 바로 누구에게나 공평하게 처음이라는 점에 주목했다. 아무도 예습하지 못한 환경이라면 '초짜'인 소구리도 로봇영재들과 동등하게 로봇 만들기의 즐거움을 맛볼 수 있으리라 여긴 것이다. 예상은 적중했다. 소구리는 캠프에서 사귄 친구들과 팀을 짜 처녀 출전한 결과 초등부 첫 대회의 우승자가 됐다. 물론 본 게임인 미국 대회에 나가서, 초등학교 방과 후 프로그램으로 무장한 전 세계의 또래 친구들에게 제대로 충격을 받기는 했지만 말이다.

과학캠프에도 일종의 유행이 있는데, 미국에서도 로봇이 가장 핫한 분야라고 한다. 로봇캠프가 열리면 가히 빛의 속도로 마감된다. 벡스 대회는 1년 내내 거의 매주 주 대항 경기가 벌어지는데, 거기서 살아남은 주 챔피언들의 실력은 어리다고 만만히 여길 수 있는 것이 절대 아니었다.

이 과정에서 소구리는 로봇도 로봇이지만 팀워크와 리더십에 대해 제대로 배우게 됐다. 국내외를 오가며 데니스 홍 UCLA 교수, 강남준 서울대 융합과학기술원(융기원)원장, 박재홍 융기원 교수, 박일우 광운대 교수, 한재권 로보티즈 수석연구원 등 로봇공학에 관련된 멘토들과 교류한 것도 큰 수확이었다. 어린이기자로 활동했던 〈소년중앙〉과 〈소년조선일보〉에 대회 관련 기사를 연재하면서 글 솜씨가 확 좋아진 것도 어미로서는 보람 있는 일이었다. 이거야말로 원 소스 멀티 유즈가 아니겠는가.

국내의 초등학생 영재교육 수준이 궁금하다면, KAGE 영재원의 캠프도 다녀올 만하다. 소구리는 제주에 내려온 직후인 3학년과 4학년 여름방학 때 연속으로 참가했다. 지금도 참가했던 캠프 중 제일 재미있었다고 얘기할 정도다. 프로그램 일정이 빡빡하지 않고, 비슷한 성향의 또래들을 한꺼번에 만났던 기쁨이 더 크지 않았을까 싶다. 전국 각지에서 모였으니 경쟁적인 관계도 아니고 서로 순정한 우정을 나누면 되는 사이가 아닌가. 더구나 우리말로 말이다. 캠프 본연의 즐거움을 만끽할 수 있는 환경이었으리라.

마지막으로 〈코리아헤럴드〉의 외교캠프. 다른 두 캠프에 비해 가장 학술적인 느낌이다. 실제로 봉사점수까지 인정받을 수 있는 진지한 캠프다. 각국 대사관의 전문 외교관과 신문사 국제부 에디터 등이 참석해 아이들의 멘토 역할을 해준다. 신문사 오너인 홍정욱 회장이 해당 분야에 관심이 많아서인지, 해가 갈수록 프로그램에 내실이 생기는 느낌을 받는다.

소구리는 3학년 때 아무것도 모르고 가서 캠프의 귀염둥이 역할을 했었다. 그런 천둥벌거숭이도 한두 가지 주워들은 것이 있었나 보다. 특히 영어 연설을 하면서 청중의 환호를 받았다며 즐거워했다. 우승을 놓고 경쟁하는 디베이트대회나 스피치대회보다는 더 부드러운 방식으로 대중연설법을 익힐 수 있을 것 같다.

참, 예복을 입고 명함을 교환하는 무도회도 열리니 외교가의 매너란 것을 소소하나마 연습하는 계기도 될 수 있겠다. 5, 6학년 이상의 학생들이라면 소그룹의 중심 역할을 하면서 배우는 것이 많으리라 생각된다.

✳

그 비용에 그 시간이면 학원 한 가지를 더 보내지 왜 캠프를 보내느냐고 묻는 엄마들이 있다. 아이들은 엄마와 떨어져 단체 생활을 하는 동안 얼마큼씩은 자랄 수밖에 없다. 모르는 아이들 속에서 사회성을 시험해보고, 엄마의 자기장에서 벗어나 스스로 몸을 씻고 옷을 입고 무언가를 해본다. 지금이야 참새 새끼처럼 엄마가 물어다주는 걸 재재거리며 받아먹겠지만, 곧 그게 답답한 시기가 올 것이다. 푸드덕거리다 둥지에서 떨어지더라도 나는 연습을 시켜야 한다. 나는 그게 캠프의 효과라고 봤다.

마침 소구리의 담임선생님도 같은 생각이신 듯, 방학을 앞둔 아이들에게 나사의 우주캠프 사이트를 열어 보여주시며, 말씀하셨다고 한다. "여름방학에 학원 가지 말고 캠프 다녀와라. 많이 놀아라. 숙제는 없다. 노는 것이 공부다. 나무에도 한 번 올라가라. 떨어져봐라." 밤 9시 이후에 안 자고 숙제를 해서 내면 화내는 양반이다. 시를 좋아하고 우쿨렐레로 음악을 연주한다. 나는 이분의 교육관이 틀리지 않다고 믿는다.

열 권의 책보다 값진 만남

"사람이 온다는 것은 실은 어마어마한 일"이라고 정현종 시인이 그랬다. 나는 그의 말에 진심으로 동의한다. 한 사람의 인생은 다른 이에게 열 권의 책, 백 번의 말보다 큰 영향을 끼친다. 소구리를 키우는 일에서도 마찬가지일 거다. 적절한 때, 적절한 사람을 만나도록 해주면 나머지는 알아서 굴러가리라 여겼다. 소구리가 〈소년조선일보〉와 〈소년중앙〉의 어린이 기자로 활동하며 멘토들과 만나고 기사를 썼던 체험은 인생의 귀중한 자산이 될 것이다.

맨위에서 시계 방향으로
데니스 홍 UCLA 교수, 조슈아 볼튼 미국 부시 행정부 비서실장,
쿠미 나이두 그린피스 월드 사무총장, 한재권 로보티즈 박사와의 만남

둘째 아이,
야생의 요구리

흔한 대치동 농담 중에 이런 게 있다. 대치동키드 하나를 '성공'시키려면, 할아버지의 재력과 엄마의 정보력, 그리고 아빠의 무관심이 필요하다는 것. 여기까진 많이들 아는 얘기다. 그런데 잘 알려지지 않은 네 번째 조건이 기막히다. '동생의 희생' 말이다.

큰아이 교육에 본격적으로 뛰어든 대치동 엄마들은 동생들을 남의 손에 맡기거나 도시락 지참하듯 데리고 다닐 수밖에 없다. 학원 스케줄이 어지간한 연예인 뺨치는데, 로드 매니저가 양다리 걸치다 펑크 낼 순 없으니까. 열 손가락 깨물어 안 아픈 손가락 없다지만 부득이한 순간이 오면 어쩔 수 없이 엄지손가락 쪽으로 기울게 되나 보다. "엄지가 잘하면 검지, 중지도 따라서 잘하겠지." 이런 바람도 물론 있겠지만.

대치동키드만이 아니라 대부분의 큰아이들은 이처럼 부모의 전폭적인 기대와 지원 속에서 성장한다. 다소 전근대적인 풍경일 수도 있지만 한국 사회에서 장남 장녀들은 단순히 태어난 순서만 빠른 아이들이 아니다. 한 가정의 얼굴이며 대표선수로, 집안의 모든 사랑과 자원을 독점한다. 첫정이란 무서운 것이어서 아무리 둘째, 셋째가 예쁘다고 해도 실제로 양육에 쏟아붓는 공은 첫째와 비교할 수가 없다. 큰아이 때는 아기가 잘못될까봐 한숨도 못 자고 날밤을 새웠다는 엄마들도 둘째, 셋째로 내려가면 아무렇게나 뒤엉켜 잠들기 일쑤. 큰아이한테는 유기농 먹을거리 아니면 큰일 나는 줄 알았던 엄마들도 둘째, 셋째한테는 땅에 떨어진 새우깡도 털어 먹일 지경이 된다. 때로 설익은 양육법 때문에 실험쥐처럼 희생되는 측면도 있지만 대부분의 경우 온갖 좋은 것들은 큰아이 차지다.

제주도키드들도 상황은 비슷하다. 아니, 가족 모두가 큰아이를 중심으로 한 교육실험에 동참하는 셈이니, 어쩌면 더할지 모른다. 실제로 소구리 반 친구들 대부분이 큰아이, 또는 외동아이다. 큰아이를 뒷바라지하기 위해 부모가 생활 기반까지 바꿔버린 것이다. 개중엔 우리처럼 향후 10년을 바라보며 연장을 챙겨 들고 같이 내려온 아빠들도 있어서 학교 주위에선 맹모만이 아니라 맹부들도 가끔 마주친다.

　문제는 아우들이다. 같은 학교나 운영체계가 비슷한 이웃 국제학교에 적을 둔 형제자매는 그나마 무척 행복한 경우고, 엄마의 관심과 투자를 오롯이 차지할 수 있는 외동아이의 경우는 더할 나위 없다. 그런데 형, 누나, 오빠, 언니를 뒷바라지하느라면 데까지 따라온 미취학 아이들은 가히 분투에 가까운 적응 노력을 해야 한다. 제주가 생각보다 쉬운 땅이 아니다. 무엇보다 기후가 참으로 불친절하다. 조금만 날이 궂으면 엄마들도 몸이 까부라지기 일쑤인데 아기들은 어떻겠는가.

　2012년 9월 여기 처음 왔을 때 요구리는 채 돌도 안 된 아기였다. 생후 4개월 때부터 가족여행에 데리고 다닐 정도로 강하게 키우고는 있었지만 그런 아이도 제주에선 한 달 내내 피부병을 앓았다. 하얗던 피부에는 뾰루지가 돋았고 알레르기 때문에 콧물깨나 흘렸다. 외출이라곤 예방접종 맞을 때와 형의 셔틀버스 마중 나간 게 다였는데, 그 잠깐씩의 외출에도 타격이 컸다. 감기에 중이염을 겨우내 달고 살았으니 말이다. 소아과 선생님은 신생아와 알레르기 환자들에게는 제주가 지내기 힘든 곳이라고 설명해주셨다.

　물갈이만이 아니다. 교육도 문제다. 서울 같았으면 하다못해 '문센'이라도 다니며 슬슬 공부에 시동을 걸 나이라는데, 요구리는 꼼짝없이 집 안에 틀어박혀 아무것도 못했다. 문센이 뭐냐고? 나도 처음엔 어리둥절했다. 탐험가 아문센도 아니고 가수 이문세도 아니고, 도대체 뭘까! 문센이란 백화점이나 대형마트, 스포츠클럽의 문화센터를 말하는데, 뭐든지 반 토막으로 툭 끊어 말하는 요즘 화법에 따라 간단히 그렇게 부른단다. 베이비 마사지니, 달크로즈 음악교육이니, 프뢰벨 신체놀이니 하는 프로그램을 대체로 문센이라고들 했다. 굳이 말하자면 일종의 영유아 조기교육이다. 하지만 뭘 가르치고 배우는 게 목적이라기보다는 유모차를 끌고서라도 숨 쉬러 나가고 싶은, 그맘때 엄마들을 구원해주는 역할이 더 크다. 본격적으로 어린이집에 보내기 전에 아이의 사회성을 키우려고 테스트해보는 엄마들도 많다.

알려진 대로 제주에는 백화점이 없다. 두 개의 대형마트가 양대 산맥을 이뤄 백화점 역할을 하고는 있는데, 그나마 문센을 운영하는 마트는 서귀포시에 하나, 제주시에 하나뿐이다. 수강 인원이 적어 걸핏하면 폐강되니 줄을 잘 서야 한다. 제주시라고는 해도 우리 집에선 자동차로도 한참을 더 가는 곳이라 요구리의 두 돌 전에는 엄두도 내지 못했다. 교육을 위해 제주까지 내려왔지만 정작 동생들은 교육에서 소외되고 있다는 불편한 진실. 마냥 즐거운 형, 누나, 언니, 오빠들이 아우들의 이런 희생을 알지 모르겠다.

그런데 신은 항상 모든 일에 '반전'을 준비해놓고 계신다지. 이런 야생의 삶에도 반전은 있다. 우선 먹을거리. 부모님이나 첫째들이 자랐던 대도시에서는 아무리 유기농을 구해 먹인다 해도 한계가 있었다. 하지만 제주의 동생들은 아무 거나 먹어도 평타 이상은 치는 셈이다. 제주는 공기부터 다르니까. 무심코 마시는 물도 삼다수, 우유도 삼다한라우유, 고기는 보들결 한우 아니면 흑돼지 오겹살, 생선은 옥돔에 은갈치에 전복, 귤은 황금향, 천혜향, 한라봉 일색, 망고는 제주산 애플망고, 하다못해 당근도 감자도 모조리 제주산이다. 서울서 이 좋은 것들을 다 구해 먹이자면 도대체 얼마야?

물가에 살아 좋은 것은 무엇보다 생선이다. 일전에 오일장에 나갔더니 아기 손바닥만 한 황돔(뱅꼬돔) 14마리를 단돈 5,000원에 팔았다. 커피 한 잔 값인데 세상에. 집 앞 마트에서 파는 1만 원짜리 막회도 대도시 이름난 횟집보다 괜찮을 정도다. 음식 취향은 어릴 때 훈련하지 않으면 만들기 힘들다는데, 애들은 회맛은 저절로 알겠다. 생선을 잘 못 먹는 소구리와 달리 요구리는 벌써부터 해물이라면 홰를 치며 좋아한다. 작은 옥돔 한두 마리는 앉은 자리에서 해치우는 옥돔킬러다. 애플망고 서너 개는 한 입에 털어 넣는 망고귀신 소구리와 더불어 우리 집의 엥겔계수를 높이는 주범이다. 덕분에 옥돔 가시와 망고 뼈다귀(가운데 큼지막한 씨앗)는 온통 내 차지. 손톱만큼 붙은 살을 떼어먹으며 이게 웬 무수리 신세냐고 한탄했더니, 친구가 그랬다. "그래도 옥돔에 망고잖니!"

✳

방향을 바꿔보면 교육 여건도 사뭇 긍정적이다. 서울서는 일부러 '숲 유치원'에 보내야 할 수 있는 일들을 여기선 집 앞 놀이터에만 나가도 할 수 있다. 바람 맞는 것이 무서워 겨우내 가둬놓다 엊그제 놀이터에 풀어놨더니, 바람에 떨어진 꽃잎이랑 솔방울 주우며 한참 잘 놀았다. 토사물을 덜 주워 먹어서인지 한결 날렵한 제주 비둘기들도 쫓아다니고, 이 나무 저 나무 옮겨 다니는 새의 울음 소리도 따라 하고. 여기 새들은 휘파람을 어찌나 기가 막히게 부는지, 음향효과에서나 듣던 바로 그 새소리를 낸다. 덩달아 나도 흥얼거리면서 토끼풀꽃으로 팔찌도 만들어 채워주고, 민들레 홀씨도 호호 불며 몇 시간 잘 놀았다.

　　비 오고 바람 불면 우리 모자의 놀이터 현장체험도 야외학습도 끝이다. 영유아 조기교육이나 선행학습을 할 만한 환경이 아닌 것이 오히려 다행이랄까. 집에서 종일 끌어안고 물고 빨기만 해도 하루가 갔다. 나는 게을러서 책을 읽어주는 엄마는 되지 못한다. 그래도 노래만은 정말이지 열심히 불러주었다. 특히 엉덩이를 두드리며 자장가를 불러주는 시간은 내게도 보물 같아서 어지간해선 누구에게도 맡기지 않는다. 내가 불러주는 노래는 "금자동이 은자동이"로 시작하는 '자장가'와 '새야 새야'다. 요구리는 눈을 비비며 말한다. "토닥, 토닥, 해줘요. 자장, 자장, 해줘요." 토닥과 토닥 사이, 자장과 자장 사이의 쉼표가 너무 예뻐서 그 애가 그럴 때면 몸살이 난다. 두 돌하고도 몇 달은 더 모유 수유를 했고 수면교육 같은 것 없이 원할 때는 언제나 곁에 있어주었다. 더뎌도 느려도 못하지는 않았다. "오늘부터는 안 돼." 한마디로 젖을 떼고, 혼자 시늉하더니 가르치지 않아도 똥오줌을 가린다. 전문가 선생님이 이 아이는 볼 것도 없단다. 사랑을 주고 기다려준 아이는 아무 걱정이 없다고.

먹기는 잘 먹어도 재우는 데는 힘들었던 요구리가 어린이집에 다니고부터는 고단했는지 깊이 잔다. 여기 올 때만 해도 꿈속에서 "찌찌야"를 부르며 울던 녀석은 1년이 지나고선 "빠방"을 부르며 울었다. 유치원생이 된 올해는 "또봇 다 내 거야."라고 한다. 낮 동안 갖고 놀았던 자동차를 꿈속에서도 만나나 보다. 하기야 잘 때조차 양손에 자동차를 쥐고 잔다. 처음엔 자기가 좋아하는 '빠방'들을 데려다 베개 옆에 나란히 누인 다음 이불을 끌어다 덮어주고 "자장, 자장"을 하는 식이었는데, 지금은 빨간색 '또봇Z'나 '카봇'을 데리고 잔다. 아이 옆에 배꼽을 드러내고 누운 자동차들을 볼 때마다 이 시간들이 꿈만 같아서 코끝이 찡하다.

형에게 샘을 많이 내서 삑 하면 꿈속에서도 "형아, 맴매!"

하고 주먹을 휘두르던 녀석이 요즘은 좀 컸다고 제 형 편을 든다. 엊그제는 내가 형을 좀 나무랐더니 "왜 형한테 잔소리해!"라고 따지고 들어서 빵 터지고 말았다. 소구리는 요구리의 궁둥이를 두들기며 "어유, 우리 요구리 다 컸어요." 하고 칭찬이 늘어졌다. 오랜 친구의 말마따나 "왕년의 이진주였다면" 절대로 몰랐을 일들이다.

4년 전, 왕년의 나라면 절대로 하지 않았을 선택을 했고 덕분에 인생에 다시없는 황홀경을 맛보는 참이다.

경시대회의
속사정

엄마들 말을 들어보니, 요즘은 중학교 1학년에게 대학교 수학과 2학년 학생들이 배우는 '정수론'을 가르친단다. 대입용 스펙으로 자연과학과 사회과학 논문을 쓰는 것도 유행이라고. 100만 원이면 박사급 연구원이 대행해주고, 좀 더 내면 학술지 등재 수준의 논문도 만들어준다고 한다. 우리나라 입시시장에서 대체 돈으로 안 되는 것이 뭘까. 지난해인가 곰서방이 뭣도 모르고 소구리를 과학고에 보내고 싶어하기에 내가 한껏 비웃어줬다. "제발 흥분하지 마요. 과학고 보내려면 다 접고 이제라도 대치동 들어가야 해. 아냐, 이미 늦었다. 그거 유딩 때는 소마랑 한생연 다니며 기초를 닦고, 초딩 때는 와이즈만 다니면서 스펙을 쌓아야 돼!"

1학년 1학기가 지나도록 3 더하기 5는 8을 가르쳐서 열불 나게 만들던 한국 수학은 겨우 몇 년 사이에 귀신이 곡할 노릇으로 뺑튀기가 됐다. 이제 제 또래 친구들이 배운다는 수학 문제 중에는 소구리가 손도 못 대는 것들이 수두룩하다. 도대체 그 사이에 무슨 일이 있었던 건지, 학원에서 선행을 한 아이들은 수업 시간에는 대체 뭘 하고 지내는지 우리 부부는 늘 그것이 궁금하다.

소구리는 제주국제학교에서 수학을 꽤 잘하는 축에 속한다. 오자마자 '수학 마법사'라는 칭호를 들은 데 이어 학년 면담 때마다 선생님들의 칭찬이 늘어진다. 그러나 한국 학교에서도 그럴지는 알 수 없다. 하도 수학을 잘한다기에 '성대 경시'에 도전한 일이 있었다. 명문대의 이름을 딴 몇 가지 경시대회들 중 성균관대 경시대회는 그중에서도 최고로 꼽힌다. 그런데 결과는 실망스러웠다. 수험생 1,900명 중 1,700등을 한 것이다. 선행을 전혀 하지 않은 소구리는 풀 수 있는 문제가 거의 없어서 죄 찍었단다. 그래 놓고 잠만 잘 잤다. "내가 한국 수학을 안 해 봐서 그랬다."며 천하태평. 소구리 뒤에 200명이나 있다고 장단을 맞춰주는 곰서방도 참 놀랍다. 과학고를 말하던 입술에 아직 침도 마르지 않았거늘.

지난 여름방학 때는 시중의 문제집을 구해다 풀게 해보

았다. 정상적인 과정을 밟은 제 또래들은 다 푸는 문제 앞에서, 자칭타칭 '월반한 수학영재'라던 소구리는 쩔쩔매기만 했다. 소구리의 서울 친구들 중엔 중학교, 고등학교 과정을 푸는 아이들도 있었다. 벌써부터 영재코스에 진입한 녀석도 보였다. 그런데 곱셈 나눗셈이 안 된다니! 며칠 붙잡고 있다 아이나 나나 그러면 안 될 것 같아서 문제집을 집어 던졌다. 에이, 1,700등이면 좀 어떠랴. 소구리의 초딩 라이프는 이렇게 즐겁기만 한데.

한번은 전국에 숨어 있는 어린 영재들을 찾아 소개하는 모 TV 프로그램에 성대경시대회 대상에 빛나는 목동 수학영재가 나왔다기에 다시보기로 돌려봤다. 소구리보다 어린데도 수학적 지식이 훨씬 낫다고 감탄했더니, 아는 엄마가 그런다. "대치동에 그런 애들 쌨어. 어차피 영재고 입시에 외부 스펙은 못 쓰니까, 시간 낭비할까봐 경시대회에 안 내보내는 거지." 와! 과연 천하는 넓고 고수는 도처에 숨어 있구나.

　　대학부터 학습지 회사까지 다양한 주관사들이 펼치는 수학경시대회 중 누구나 인정하는 대회가 있었으니, 그 이름도 찬란한 '수학올림피아드'다. 한국수학올림피아드라는 긴 공식명 대신 보통 KMO라고 불린다. KMO는 매월 5월에 열리는데, 시험을 몇 달 앞두고는 초등학교 6학년 학생들도 고 3처럼 공부하기로 유명하다. 여기서 적어도 동상 정도는 확보해야 영재고나 과학고에 원서를 내밀어볼 수 있기 때문이란다.

대치동 H학원에 모여 있는, 이제 겨우 초등학교 4학년인 최상급 실력자들은 6학년 무렵이 되면 이미 고등학생 수준의 《수학의 정석》 문제를 수월하게 푼다고 한다. 과연 알음알음 소개받은 요즘 영재들은 죄다 그 학원 출신이다. 교육청이나 대학의 영재기관, 영재고, 과학고를 뒤집어보면 특정 학원 출신들로 계보를 만들 수도 있을 정도란다. 사정이 이렇다 보니, 아이가 어느 학원에 다닌다는 것만으로도 엄마들은 영재 증명서라도 받아쥔 듯 콧대가 높아진다. 그런데 이 학원은 입학시험이 까다로운 데다 수강 인원을 제한해 들어가기도 어렵고, 숙제가 워낙 많아 계속 다니기도 힘들다고 악명이 높다. 오죽하면 그 학원에 들어가기 위한 예비학교 성격의 '새끼학원'들이 있고 학원 숙제를 풀기 위해 따로 강사를 불러 과외를 받을까. 그 정도는 약과다. 시간에 쫓기는 아이들을 대신해 학원 숙제를 미리 풀어주는 엄마도 있다. 이른바 '미션헬프권'을 획득하기 위해서다. 숙제족보를 공유하는 엄마는 엄마들 사이에서 구원의 여신으로 추앙받는단다.

수학만이 아니다. 과학도 관리 대상이다. 초등학교 6학년이 되면 어떻게든 《수학의 정석》에 발을 담그는 동시에 과학에 대해서도 본격적으로 스펙 관리를 시작해야 한다. 이 아이들이 누군가. 유딩 시절부터 한생연에서 과학의 기초를 닦고, 초딩 저학년 때는 와이즈만에서 "교과서에는 나오지만 학교에서는 패스한" 각종 실험들을 실습한 어린이들이다. 이제 '미탐'이라는 애칭으로 불리는 미래탐구 과학학원으로 옮겨 생물, 지학, 화학, 물리 선행을 한다.

'과학의 달'인 4월에는 로봇이든 게임이든 발명이든 환경이든 과학적으로 보이는 온갖 것들을 둘러싼 쟁쟁한 대회들이 넘쳐난다. 이런 대회에서 상 하나쯤 챙겨두어야 과학영재 대접을 받을 수 있는 것이다. 프로젝트 대회가 뜨면 주제 선정부터 실험 보고서까지 대신 만져주는 업체도 번성하는데, 비용은 건당 100만 원 단위. 물론 여기에도 대치동 전설은 존재한다. 어느 엄마가 그랬단다. "우리 아이는 외부 도움 없이 수상했다."고. 알고 보니 엄마가 하버드 물리학과 출신. 학교와 학원을 둘러싼 이야기들은 이렇게 거의 도시괴담 수준으로 퍼져 있다.

이 아이들이 오매불망 바라는 것은 무엇일까. 교육청 영재, 대학 부설 영재를 거쳐 영재고와 과학고에 진학하는 것이다. 장기적으로는 서울대 또는 카이스트일 테고. 이것이 수학과 과학으로 무장한 이과형 영재들의 이상적인 '코스'다.

서울대나 카이스트의 이공계열 학과를 나와 유학을 가고 교수가 되겠다는 아이들은 그 와중에도 정말 순수하고 고무적인 케이스다. 이 중에는 세계 수학계를 이끌어갈 진짜 천재가 있을지도 모른다. 그러나 단지 수학을 입시의 수단으로 여기는 친구들이 훨씬 더 많다. 다음 단계, 그다음 단계에서 더 유리한 위치를 차지하기 위해 선행을 하던 것이 점점 앞당겨져 초등학교 3, 4학년으로까지 내려왔다. 먼 얘기가 아니다. 소구리의 유치원 동기 중에도 난다 긴다 하는 대치동 또래들을 젖히고 저만치 앞서 달려가는 친구가 있다.

대부분의 영재들은 서울대나 카이스트 말고 다른 지점을 꿈꾼다. 이런 시류를 업고 대치동에는 초등학생일 때부터 의치대 입시에 최적화된 인재를 키워낸다고 내세우는 학원도 있다. 원래는 올림피아드 전문학원이었다는데, 어느새 의치대라는 현실적인 목표를 노골적으로 밝히는 쪽으로 방향을 틀었단다. 역시 최상급의 초등수학 실력자들이 다니는 대치동 수학학원계의 양대 산맥이라고. "의치대 입학이 어떻게 교육의 목표가 될 수 있느냐."고 한탄했더니, 또 다른 엄마가 그런다. "거기라도 안 가면, 중산층으로도 살 수가 없으니까." 할 말을 잃었다. 시험 문제를 한 개만 틀려도 반 석차가 20등으로 추락하는 것을 보고 자란 아이는, 한 번만 실수하면 재기할 길 없이 낙오되는 사회로 나가야 한다. 현실이 이럴진대 이것이 전쟁이 아니면 뭐란 말인가.

이과형 영재들이 새싹 단계부터 이런 절차를 밟으면서 차곡차곡 키워진다면 문과형 영재들은 상당 기간 영어학원의 레벨테스트나 경시대회 성적에 의존한다. 민사고나 외고, 자사고에 진학하기 전까지는 교육청이나 대학 등 공식적인 영재 발굴 절차가 없기 때문이다. 대치동의 빅4 어학원에 들어가기 위해 새끼학원에 등록하고 공부방에 다니는 사정은 비슷하다. 문과형 영재들은 학원에서 이끄는 대로 미국 교과서 선행을 하거나 디베이트, 스피치, 라이팅 대회를 준비한다. 문과형 영재들의 힘은 독서에서 나올 텐데, 정작 책을 읽을 시간은 많지 않다. 토론에도 발표에도 에세이에도 일정한 틀이 있다. 수학학원의 목표가 의치대 입시라면 영어학원의 목표는 아이비리그 진학이다. 민사고나 외고나 자사고에 가는 것도 결국은 그래서다. 영어학원들은 아이비리그 진학 실적을 가지고 학원 입학설명회를 연다.

그 얘기를 들었을 때 이미 내 능력으로는 이길 수 없는 전쟁이 벌어지고 있다는 것을 알았다. 나는 달아났다. 나는 대한민국에서 가장 치열한 전장에서 싸워보지도 않고 도망친 탈영병이다. 마오쩌둥이 그랬다던가. "너는 너의 전쟁을 하라. 나는 나의 전쟁을 할 것이다." 출처가 불분명한 이 말은 내게로 와서 하나의 교육 지침이 되었다. 대치동 엄마는 대치동의 전략과 전술을 가지고 그녀의 전쟁을 할 것이다. 그러나 그것은 나의 전쟁은 아니다. 내 아이들의 전쟁이어서도 안 된다. 왜냐하면 한 세대 전에 치러진 전쟁만으로도 나의 영혼은 충분히 참혹해졌기 때문이다. 전문직을 갖고 중산층으로 살고 있는 나와 남편은 아마도 그 전쟁의 생존자라고 불려도 무방하리라. 우리는 살아남았다. 그러나 행복하지 않았던 십수 년의 기억은 오래도록 우리를 따라다녔다. 상대방의 전투기를 격추시키고 살아남아 마침내 반전 운동가가 된 2차 대전의 생존자처럼. 나는 대를 이어 벌어지고 있는 대치동 전쟁에 반대하는 운동가라도 되고 싶은 심정이다.

아이의 자유를 위해
희생한 것들

　　　　　　학년 말, 아트 페스티벌 주간이
됐다. 요구리가 좀 자라준 덕분에 처음으로 들락날락하지 않고
집중해서 무대를 봤다. 무대 위의 아이들은 눈이 부셨다. 오케스
트라 말석에 앉은 아들을 손가락으로 헤아려보며, 진심으로 행
복했다.

　　한 3주나 되었을까. 지난해보다 오른 등록금 고지서를 받
고 곰서방은 폭주하기 시작했다. 기댈 사람 하나 없는 곳에서
뼈 빠지게 돈을 벌어 학교에 보내는데, 소구리가 더 빛나는 성
취를 이루지 못하고 있는 것에 대한 분노였다. 부모가 서울서
이룬 사회적 지위를 포기하고 뿌리까지 옮겨와 서포트를 해주

면 자식은 더 열심히 노력해야 한다고 그는 믿었다. 그는 "근성이 없다." "자세가 틀렸다."고 말했지만 실은 결과에 대한 이야기였다. 곰서방은 겉보기에는 대단히 자유롭고 관대한 아빠처럼 보였지만 실은 아이의 탁월성에 대해, 또 그것의 가시적 증명에 대해 깊은 자부심을 갖고 있는 보통의 수컷이었던 것이다.

곰서방의 절망을 이해하기 위해 굳이 덧붙이자면, 아이의 영재성이 스러지는 것을 알면서도 가만히 손 놓고 있는 것은 쉬운 일이 아니었다. 우리는 소구리의 싹을 잡아 늘리고 싶다는 욕망을 억누르고 스스로 움을 틔우도록 기다려야 했다. 영재성은 적절한 자극과 지원, 이른바 영재교육을 받지 못하면, 열 살을 전후해 빛을 잃는다고 했다. 그 이후에는 머리의 반짝임이 아니라 노력으로 승부하는 세계가, 어쩌면 진정으로 평등한 세계가 펼쳐진다. 아이큐는 철저하게 불평등한, 어쩌면 신의 영역이다. 운이 좋게도 녀석과 친구들은 학습의 측면에서는 유치원 시절 이미 초등 3, 4학년 수준을 넘어섰다. 몇몇 분야에선 5, 6학년보다 낫다는 평가를 받기도 했다. 고작 만으로 4~5세인 아이들이 말이다. 소구리가 그 그룹에서 제일 탁월한 케이스도 아니었다. 우리 부부는 소구리와 친구들을 보며 어떤 경이로움을 느꼈고, 아이를 정서적·학습적으로 뒷바라지하는 데 남은 인생을 헌신하기로 결심했었다.

그런데 지금 소구리는 딱 그 나이대의, 아니면 조금 모자란 남자아이가 되었다. 저학년들이나 할 법한 딱지에 여전히 미처 있고, 코딱지만큼 나오는 숙제는 하루 전에야 날림으로 해간다. 5학년이 되어서는 시간관리에 엄격한 선생님을 만나 하루하루 성실하게 나눠 하는 법을 배우느라 죽을 똥을 쌌다. 글을 잘 쓴다고는 하지만 그마저도 게을러서 어떤 시도 쓰지 않은 지 꽤 오래됐다. 이제는 상위 0.1퍼센트의 고도영재아가 아니라 그냥 말썽꾸러기 초딩이다. 그렇다고 첼로를 잘하는 것도 아니고 학교 축구대표가 된 것도 아니다. 아빠는 그걸 참을 수가 없는 것이다. 아들의 평범함을. 아이에게 유년을 돌려주자는 목표는 이상적인 것이었을 뿐, 그 일이 실제로 닥치니 허망함이 밀려왔다.

우리 부부는 등록금 고지서가 나오고 3주 동안 소구리를 이 학교에 더 보내는 문제를 두고 심각한 대화를 나눴다. 이른바 소구리에 대한 '투자'를 '철회'하는 건에 대해서였다. 요즘은 조금만 영악한 아이라면 부모의 지원이 일종의 투자였음을 안다. 투자 대비 수익률이 좋지 못하다고 생각되면 투자자는 다른 종목으로 눈을 돌리게 마련이다. 우리 부부는 불행히도 아들만 둘인데, 소구리에게 쏟아부은 것과 동일한 수준의 투자를 요구리에게까지 할 여력은 없다. 조금 냉정하게 말하자면 하나를 빼서 다른 하나를 막거나 다른 하나는 계속 내버려둬야 한다. 이것은 여기 내려온, 아이 둘 이상을 둔 중산층 부모들이 동일하게 겪는 문제다. 그리고 보통의 부모는 큰아이를 선택한다. 그런데 문제는 투자했던 종목의 성격이 근본적으로 달라진 것이었다.

그렇다, 소구리는 달라졌다. 어쩌면 제주의 자연과 학교의 자유로운 분위기 속에서, 또 조금 이른 테스토스테론의 작용으로 아이는 펄펄 살아 날뛰는 망아지가 되었다. 엄마가 소리를 지른다고 해서 찍 소리도 못 하고 눈치를 보던 예전의 소구리가 아니다. 학교 공부가 지상의 가치라고 생각하지도 않고 모범생이 성공한다고 믿지도 않는다. 오히려 범생이는 부모처럼 살 뿐이란 것을 알아버린 눈치다. 어쩌면 이것은 《타이거 마더》에이미 추아 교수와 같은 미국 이민 2세대들이 했던 것과 비슷한 고민일 수도 있겠다. 부모 세대의 헌신을 바탕으로 의사, 변호사, 교수가 되었던 2세대들이 이미 자유로운 미국인이 되어버린 3세대를 양육하면서 겪는 세대차이 같은 것을, 제주에 '이민' 온 참새엄마·참새아빠(어쩌면 뱁새엄마·뱁새아빠)들도 압축적으로 겪는 것이다. 물론 정도의 차이는 있겠지만.

이제 소구리의 꿈은 사업가가 되었다. 야구단도 사들이고 로봇도 만드는 사업가 말이다. 친구들의 진짜 부자엄마·부자아빠들을 지켜보고 스스로 내린 결론이었다. 딱지부터 파티용품까지 아이는 기회가 생길 때마다 팔 수 있는 모든 것을 팔았다. 어쩔 것인가, 사고는 부모가 쳤는데. 이제 와서 다시 돌아가라고 말할 것인가. 주변의 친구들이 하나둘씩 원래 속했던 곳으로 돌아가고, 더러는 미국으로, 더러는 다른 어딘가로 떠나고 있었다.

'유턴'을 하려면 지금 해야만 했다. 아차 하면 이제 한국의 경쟁 구도 속으로는 영영 돌아가지 못한다.

✳

그런데 학교의 아트 페스티벌을 보고 나니 마음이 정해졌다. 이 녀석들이 누리고 있는 자유로움은 내가 아는 어느 학교에서도 보지 못했다. 아이들은 원하는 대로 그림을 그리고, 음악을 하고, 연극을 한다. 입시 같은 것은 잊고 일생에 한 번뿐인 현재를 사는 것이다. 치마를 줄여 입고, 전자기타를 치고, 연애를 하기도 한다. 당연하지, 피가 끓는데. 그걸 안 하고 억누르며 공부만 하라고 하는 것이 부자연스러운 일이다. 자유, 그리고 자연….
아이들에게 우리가 다녔던 학교에서 금지되었던 모든 자유와 자연을 누리게 하기 위해 우리 부부는 우리에게도 단 한 번뿐인 30대를 바치고 있다.

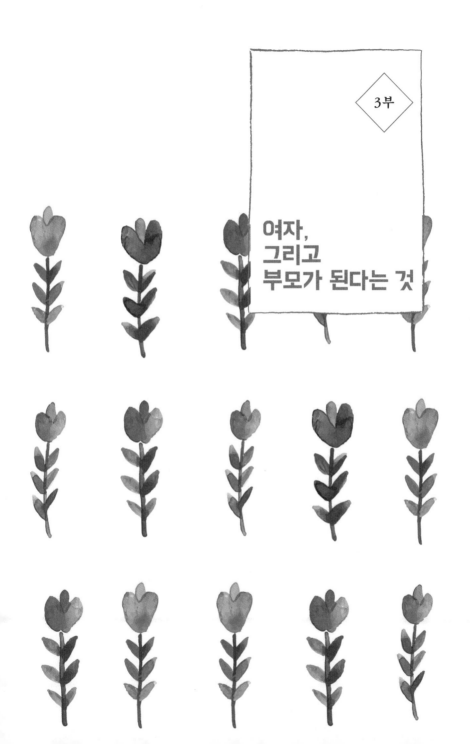

3부

여자,
그리고
부모가 된다는 것

결혼의
미스터리

우리 집의 또 다른 암컷, '미요'
가 아프다. 뭘 잘못했는지 그 예쁘던 왕관이 다 빠져버렸다. 토
끼나 햄스터 집 앞을 알짱대다 물린 것 같기도 하고, 곰서방이
길들인다며 매일 먹이는 별식 밀가루 국수가 문제인 듯도 하다.
미요가 누군가. 껍데기만 새지, 상 여우가 아닌가. 입양 첫날부
터 소구리 오빠한테 딱 붙어 몸을 부비고 뽀뽀질을 해대더니,
요즘은 밤마다 곰서방 아빠와 깊은 교감을 나누고 있다. 그런
터에 내게 하는 짓은 가히 시앗 급이다. 밥 주고 물 주고 청소하
는 건 난데, 볼 때마다 "지젝이고 라캉대며" 거의 물어뜯을 기세
다. 사나움 부릴 때의 목청은 또 어찌나 큰지, "야, 이년아." 소리

135

가 절로 나올 지경. 미요의 미모가 확 꺾였다며 며칠 안절부절 못하던 곰서방은 급기야 마나님까지 대동해 동물병원에 데려갔다. 무려 30분이나 걸리는(다시 말씀드리지만 차가 막히지 않는 제주에선 아주 먼 거리다.) 전문병원까지 가는 동안 미요는 운전석에 앉은 곰서방 품에 얼굴을 묻었다 손에 앉았다 어깨를 쪼았다 해가며 요사바사를 떨었다. "무서워요, 아빠…." 번역하자면 그쯤 되는 약한 척이랄까. 곰서방은 그럼 그게 너무 예쁘고 안쓰러워서 운전하다 말고 볼을 북북 긁어준다. 조수석에 앉은 마나님은 눈꼴이 시려서, 원.

*

어쩌면 우리는 가장 잘 모르는 사람들끼리 결혼하는 것인지도 모른다. 예컨대 이 남자는 나의 십팔번 따위는 알지 못한다. 나 역시 그의 노래를 들은 일은 손에 꼽을 정도다. 우리가 서로에게 자장가를 불러주는 일은 연애 중에도 없었고, 아마도 평생 없을 것 같다. 2년을 사귀고, 10년을 사는 동안 우리가 같이 노래방에 간 적은 단 두 번뿐이었다.

처음은 결혼 첫해였던가, 아직 미혼이던 아가씨까지 온 가족이 함께한 나들이였다. 타고난 하이 소프라노인 데다 이미 동네 노래교실의 소문난 가수이신 시어머니의 패티 김을 감상하며 나는 음치 흉내를 냈다. 불행하게도 남편은 여자 영역의 고음만 가능한 음치였고, 나는 조신해 보이고 싶은 새 신부였으니까. 그 나들이가 별로 재미 없으셨는지 어르신들은 우리에게 다시는 노래방에 가잔 말씀을 않으셨다.

두 번째 나들이는 제주에서였다. 동네 주민들이 다같이 고기를 먹고 고깃집 아래 부록처럼 딸려 있는 노래방으로 내려갔다. 여기에서만큼은 남의 입에 오르내리지 않고 조용히 살고 싶었던 터라 나는 여느 엄마들처럼 심부름이나 하고, 아이들의 네버엔딩 '강남스타일'에 박장대소하며, 휴대전화의 카메라 버튼을 눌러댔을 뿐이다. 그러니까 우리는 서로가 서로의 모임에서 강수지나 김종서를 흉내 내도 욕먹지 않던 시절에는 아직 만나지 못했고, 그 이후로는 쭉 트로트의 시절이었다. 우리가 노래방의 주인공이거나 주연급 조연이었던 시절은 지나갔고, 우리는 단 한 번도 그 장면에서 마주치지 않았다.

그는 결국 내가 술을 마시면 무슨 노래를 부르는지 끝내 모를 것이다. 심지어 술에 취한 모습조차 거의 본 적이 없다. 당연히 북한 여자 같은 톤으로 '휘파람'을 불러 좌중의 분위기를 돋운 뒤 '애인 있어요'로 마무리를 짓는 나의 필승전략 같은 것은 모른다. 구성원들의 나이와 취향에 따라 심수봉을 넣거나 등려군을 섞거나 카펜터스를 가미하는 트릭 같은 것도 알지 못한다. 나보다 직급이 조금 높은 남자들의 억지 블루스나 폭탄주

술잔을 피하려고 화장실에 왔다 갔다 하거나 탬버린을 흔드는 모습 같은 것은 보여준 적도 없다. 당연히 나도 그가 넥타이를 머리에 묶고 벽을 짚은 채로 비비적대는 모습 따윈 보지 못했다. 그런 모습을 보고도 사랑에 빠지기란 내게는 거의 불가능한 일이었을 것이다. 통기타를 치며 운동가요를 불렀다면 몰라도. 아마 그 남자도 마찬가지였을 것이다. 그래서 서로가 서로에게 보여주지 않았던 것일 테지.

갑자기 인생이 너무 또 시시해져서 왜 이러나 하고 기억을 뒤적거리다 보니, 그런 것들이 생각났다. 우리 결혼엔 비밀이 너무 많다. 노래도 식도락도 여행도 도서관도 없었던 이 연애에는 대체 무엇이 있었던 걸까. 대체 책과 음식과 노래와 방랑을 빼놓고 무슨 사랑을 했던 걸까. 이것은 참으로 거대한 미스터리다.

아들의
여자

거베라꽃

거베라꽃은 부끄러워서 볼이 빠알갛다
거베라꽃은 너무 예뻐서 꼭 윤지 같다
거베라꽃은 마음씨가 부드러운 엄마 같다

1학년 초, 동시를 배운 지 한 달이 채 되지 않았을 때 소구리가 처음 쓴 작품이다. 예쁜 것은 윤지 같고 엄마는 마음씨만부드럽냐? 에라이, 아들 다 소용없구나. 이 동시에 등장하는 윤지는 반에서 제일 키가 큰 소녀였다. 얼마나 큰가 하면 소구리보다 머리 하나 반은 더 컸다. 하얗고 복스러운 얼굴에 똑똑하기까지 해서 소구리가 무척이나 좋아했다. 요행히 같은 아파트 아래위층에 살았던 덕분에 한 학기 내내 등하교를 같이했다. 아침마다 손 잡고 학교 가는 모습이 얼마나 흐뭇하던지.

이 친구와 얽힌 일들이 참으로 많았다. 주말 이틀을 못 봤을 때는 월요일 아침에 새삼스럽게 내외를 했다. 그러고는 "남자도 때로 부끄러울 때가 있는 거야."라고 당당하게 말했다. 한번은 엄마들과 티파티를 하려고 집을 깨끗이 치워놓으니, 소구리가 둘러보며 말했다. "아, 이 집에 딱 하나 부족한 게 있다. 그건 바로 허! 윤! 지!" 아무리 봐도 누나 같은 윤지가 먼저 손을 잡자 소구리는 손을 빼서 고쳐 잡으며 말했다. "싫어, 내가 잡을 거야." 분홍색 발레 튀튀를 입고 나오는 윤지를 보고는 슬그머니 손을 잡으면서 한마디 하더라. "예쁘다."

언젠가 저녁 장을 보다가 복숭아가 싸기에 윤지네에도 좀 사다준 일이 있었다. 아이들은 잠잘 시간이어서 혼자만 다녀왔더니, 여태 깨어 있던 소구리가 잠옷을 입은 채 뛰쳐나오며 물었다. "엄마, 윤지 어떻게 자는지 봤어?" 아, 이놈의 미래를 알 만하도다. 1학년 1학기 때의 에피소드만 이만큼이니, 그간 쌓아온 여자친구들과의 일화는 한라산처럼 높겠지.

키 큰 남자를 좋아했던 내 취향이 유전된 것인가. 아들의 이상형은 확고하다. 키가 크고 명석한 여자. 그것도 반에서 제일 커서 저보다 머리 하난 더 있어야 하고, 공부든 음악이든 남자아이 뺨칠 정도로 날려야 한다. 마릴린 먼로보다 마리 퀴리랄까. 며느릿감을 바라보는 나의 취향은 언제나 마릴린 쪽이어서 가는 데마다 체리처럼 깜찍한 아이들을 점 찍어놓고 흐뭇해한다. 하지만 그것은 내 바람일 뿐, 아이는 어느새 자기 취향의 여자들을 골라서 좋아하고 있다.

유치원 때 가장 오랜 기간 썸을 타던 친구는 최장신 지윤이, 늘씬하면서도 중성적인 매력으로 여러 남자친구들을 울렸다. 1학년 때 공식 여자친구는 앞에 등장하는 윤지. 소구리가 처음으로 동시를 쓴 계기이자 아직까지 유일하게 동시를 헌정한 아가씨. 과연 영특해서 영어유치원을 마칠 때는 졸업 연설을 했단다. 3학년 때는 생전 처음 체리처럼 깜찍한 채윤이를 좋아하나 했더니, 베프에게 그녀를 좋아할 권리를 양보하고 최장신 연상녀 쪽으로 옮겨갔다. 꽃사슴 지민이, 발레리나 시연이. 하나같이 외모는 가냘파 보이는데, 겉보기와는 달리 사내아이들을 휘어잡는 카리스마의 소유자들이었다.

아들이 어장관리를 하거나 연애를 거는 수작은 꽤 지능적이다. 선머슴 같은 여자아이들이 스스로를 숙녀처럼 느끼게 만든다. 소구리는 이미 네댓 살 때부터 여자들만의 고유한 아름다움을 깨달은 남자였다. 다른 남자아이들이 미모를 기준으로 누구는 1등, 누구는 2등, 순서를 매길 때 "아냐, 모든 여학생은 똑같이 예뻐. 저마다 고유한 아름다움을 지녔어."라고 진심을 담아 말했단다. 어린이집 졸업식에서 선생님들이 아이들의 이름을 한 명 한 명 부르며 축사를 해주실 때 공개된 일화다. 다른 엄마들과 얼마나 배꼽을 잡고 웃었던지. 예쁘단 말보다 똑똑하단 말을 더 많이 들어봤을 아이에게는 "네가 제일 예쁘다."고 귓속말을 해주고, 예쁘지만 공부에는 별 관심이 없는 아이는 "천잰데?" 하고 치켜세워준다. 세면대에서 떨어진 전학생의 양치 컵을 주워서 한 번 더 씻어 건네주거나 양다리 걸치는 인기녀에게 인조 보석이 박힌 연필 따위를 건넨다. 이러니 그가 마수를 뻗으면 안 넘어올 수가 없다. 맹세코 가르친 적이 없는 취향과 기술이다. 이런 재주를 타고나다니! 그러니 나는 아름답고 현명한 며느리에게 아들을 인도할 때까지만 최선을 다하면 된다. 그가 선택한 여인을, 나는 믿으리라.

아이를 키우며
나의 욕망을 본다

부끄러운 고백이지만 나는 다룰 줄 아는 악기가 하나도 없다. 학벌이나 재산이나 사회적 지위가 아니라 문화적 교양과 정신적 풍요를 중시한다는 유럽의 기준으로 본다면 나는 중산층 근처에도 가지 못할 것이다. 내 마음속에는 항상 그런 열등감이 있었나 보다. 그 열등감은 점점 자라나 자식들은 제대로 된 교양인으로 키우고자 하는 욕망으로 변했다. 학과 공부만 잘하는 '범생이'로는 절대 만들고 싶지 않았다. 내 머릿속 이상형은 춤도 잘 추고 옷도 잘 입고 놀기도 잘하는 아이였다. '날라리'처럼 보이지만 공부도 잘하는, 남의 집 '엄친아' 말이다.

물론 나도 시도는 했다. 초등학교 때 남들 다 가는 피아노 학원에 잠깐 다녀본 일은 있었다. 하지만 30센티 자로 손등을 툭 때리는 선생님이 너무 싫고 무서웠다. 울면서 피아노를 그만둔 이후 어떤 악기도 잡아본 일이 없었다. 학교 음악시간에 배운 것은 고작해야 멜로디언이나 실로폰, 리코더 정도? 아, 초딩 때부터 갈고 닦은 탬버린 실력은 노래방 회식 때마다 두고두고 써먹긴 했다. 드라마 〈직장의 신〉(일본 드라마 〈만능사원 오오마에ハケンの品格〉 리메이크 작)에 나오는 '미스 김(김혜수 분)'처럼. 하지만 그건 진짜 교양은 아니지 않은가.

학교 축제에서 친구들이 공주 같은 드레스를 입고 플루트며 첼로를 연주하는 것을 보면 부러웠고, 대학에 와서는 기타 치며 노래 부르는 선배들에게 은근슬쩍 반하기도 했지만, 나서서 뭘 다시 배울 생각은 하지 못했다. 악기라는 것은 어린 시절부터 반복된 훈련을 통해 습득된다. 뻔히 보이는 어려운 길을 걷기엔 너무 나이가 들어버렸다. 바로 그렇기 때문에 나는 소구리에게 욕심을 냈다. 악기 없는 인생의 쓸쓸함을, 아니 어쩌면 한국식 중산층의 몰교양을 물려주고 싶지 않았다. 남자아이지만 악기 한두 개쯤은 멋지게 다뤄주길 바랐던 거다.

이런 엄마들의 얘기는 예일대 법대 교수 에이미 추아가 쓴 《타이거 마더》에도 등장한다. 추아 교수가 유대인 남편에게 "당신이 악기를 못 다루는 건 시부모님이 아들을 너무 관용적으로 키웠기 때문"이라고 비판하는 장면을 읽으며 피식 웃었다. 어른이 되면 어린 시절에 악기 연습을 하지 않은 것을 대부분 후회하는데, 그럴 것을 알면서도 아이가 하고 싶은 대로 내버려두는 건 사랑이 아니라 방치라는 주장이다. 중국계 이민 2세인 그녀는, 자녀교육에 인생을 건 아시아계 타이거 맘 중에서도 상 타이거 맘이었다. 대학에서 만나는 학생들은 너그러운 얼굴로 대하면서도 정작 자기 새끼들인 두 딸은 냉혹할 정도로 조련했다. 악기에 대해서도 마찬가지였다. 연습이 안 되면 잠도 안 재웠단다. 여행 다닐 때마다 악기를 싸 들고 가는 것은 기본이요, 현지에서 '새끼 선생님'들을 구할 정도였다.

나는 그녀에 비하면 '고양이 맘' 수준이라고 스스로를 합리화했다. 학원 뺑뺑이를 돌리는 것도 아니고 음악인데 뭐. 다 나중에 자기 좋으라고 하는 일이야. 아인슈타인이나 슈바이처도 머리가 안 풀리고 가슴이 답답하면 바이올린을 연주했다잖아. 교육에 대해 상당히 관용적인 곰서방도 음악에 대해서만큼은 한 술 더 떴다. "모차르트도 랑랑도 아버지가 골방에 가둬가며 연습시켰어!" 세상에나.

부모의 집착이 심해질수록 소구리는 악기에서 멀어졌다. 사방팔방 날뛰는 망아지를 물가에 끌어다놓기는 했는데, 정작 물을 안 마시겠다고 버티는 데는 별수가 없었다. 처음 오셨던 레슨 선생님을 보내드리고 학교에서 받던 첼로 레슨도 그만뒀다. "이 아름다운 악기를 왜 못 알아보니?" 소구리의 냉담 기간이 길어질수록 내 가슴은 타 들어갔다.

그런데 4학년이 시작되고 얼마 되지 않았을 때 무슨 바람이 불었는지, 소구리가 오케스트라 오디션을 보겠다고 나섰다. 바흐의 '미뉴에트'를 낑낑거리며 연습할 때 지난 20여 년의 시간이 압축적으로 흘러가는 환상을 봤다. 학교 과학실에서 입을 벌리고 〈로맨틱 컴퓨터An Electric Dream〉를 보던 단발머리 여중생도, 늦은 밤 오래된 SF 영화의 주제곡이 흘러나오는 〈정은임의 영화음악〉에 귀를 쫑긋 세우고 《수학의 정석》을 풀던 긴 생머리의 여고생도.

아이를 키운다는 것은 이렇게 과거의 나와 마주 보는 걸지도 모르겠다. 첼로를 사랑했지만 배우지 못했던 소녀는 첼로를 켤 수는 있지만 사랑하지는 않았던 소년과 마침내 화해했다.

조금은
특별했던 태교

복중 아기가 알아들으면 뭘 얼마나 알아듣는다고, 기태교니 음악태교니 영어태교니 요란들을 떠나 싶다가도 두 아이를 키우다 보면 문득 놀라곤 한다. 뱃속 환경에서 무엇을 접하는지와 아이들의 성향, 또는 재능이 아주 무관하지만은 않은 것이다. 과학적인 증거를 댈 수는 없지만 요구리를 낳고 보니 더욱 그런 것 같다. 그러나 태교는 엄마가 어떤 의도를 가지고 자식의 나아갈 방향을 억지로 만들고 이끌어 나가는 것이 아니다. 그것은 마치 입덧처럼 온다. 뱃속의 아이가 자신이 원하는 쪽으로 엄마를 움직이는 것이다. 평소엔 거들떠도 보지 않았던 고기에 집착하거나 좋아하던 매운 게장을 입에도 못 대보고 물렀던 것처럼 말이다. 그럼, 소구리 요구리의 태교는 어땠느냐고?

소구리를 가졌을 때 나는 대학원생이었다. 결혼한 지는 3개월이 막 지났고, 시댁에서도 학교에서도 한껏 귀여움받던 시절이었다. 부족한 것도 없었고 바라는 것도 없었다. 내 인생에 그토록 평온하고 충만한 시절이 있었나 싶을 정도였다. 아랫집 아주머니가 시어머니를 통해 부탁을 넣어왔다. 중학생 아들에게 수학을 가르쳐달라는 청이었다. 국어면 몰라도 수학이라니. 나는 피하고 싶었다. "어머니, 저 문관데요." 어머니는 난처해하셨다. 10년 넘게 같은 동네에 살면서 어머니를 형님으로 모셔온 이라고 했다. 그래도 고등학교 때는 이과 아니었느냐며, 중학생 수학 정도야 어떠냐고 하셨다. 그렇게까지 말씀하시는데 차마 거절할 수가 없었다. 그래서 고교 졸업 후에 다시는 볼 일이 없으리라 여겼던 《정석》을 펼치게 됐다. 맞다, 바로 그 《수학의 정석》.

그때 나는 굉장히 놀라운 경험을 하게 된다. 눈을 모으고 지그시 바라만 보아도 답이 저절로 튀어나온다는, 전설의 '매직아이' 신공이 내게서도 펼쳐진 것이었다. 혹여 오해는 마시라. 나는 절대로 수학 우등생이 아니었다. 수학 성적은 컨디션에 따라 수였다가 미였다가 들쑥날쑥 널을 뛰었고, 과학 성적으로 버티는 이과생이었다. 다만, 도형 한 분야에는 완전히 미쳐서 혼자

헌책방을 뒤져가며 몇 십 년 동안 출제된 일본 본고사 문제들을 모아 시간 가는 줄도 모르고 풀어댔다(인터넷이 없던 시절이었다). 하지만 도형이 아닌 다른 분야에는 도통 관심이 없었다. 그중에서도 배배 꼬인 계산이 반복돼 실수를 유발하는 형태의 문제는 아주 학을 뗄 정도로 싫어했다. 나는 특히나 숫자에 취약해서 물건 값을 계산할 때는 아직도 등 뒤로 손가락을 조용히 꼽아보아야 하는 처지다. 환율 계산, 주식 차트, 하다못해 가계부 대차대조표까지, 당연히 못 하고 못 본다. 소싯적에 반복형 학습지는 풀어본 적도 없었다.

그런데 매직아이라니. 거의 1년 가까이 팔자에 없는 수학 선생 노릇을 하는 동안 신기할 정도로 문제가 술술 풀렸다. 갑자기 신이 내린 것인지, 시험 스트레스를 벗어나니 비로소 심안心眼이 트인 것인지 의아해했던 기억이 난다. 덕분에 심심하거나 머리가 복잡할 때면 한 번씩《정석》을 펼치고, 정주행, 역주행, 랜덤을 돌려보는, 내 인생에 다시없는 호사를 누렸다. 지금 그 책이 어디로 갔는지 생각도 안 나는 것을 보면 그때 그 문제들은 내가 아니라 뱃속의 소구리가 풀었던 게 아닌가 싶다. 소구리의 수학 실력은 초등학교 4학년이《정석》을 푸는 한국 수학교육계에선 감히 명함을 내밀 처지가 못 된다. 그러나 선행을 할 수 없는 동일한 조건에서라면 영 못하지는 않는 것 같다.

한 가지 더 있다. 아마도 이건 여느 임신부들과는 확연히 달랐던 점일 거다. 이를테면, '양보태교'였달까. 임신한 여자는 반듯하고 곱고 크고 성한 것만 먹어야 한다는데, 시부모님을 모시고 사는 새댁으로선 그럴 처지가 못 되었다. 아무리 귀여움받는 새아기라지만 어르신들이 계시는데 며느리가 좋은 걸 독차지한다는 것은 말이 되지 않았다. 그래서 항상 작고 흠이 있는 못난이, 뼈다귀에 붙어 있는 자투리, 어르신들이 드시고 난 나머지를 먹었다. 시부모님께서 청계산 자락에 텃밭을 얻어 유기농 식재료들을 무한 공급하실 때였으니, 제일 좋은 것은 벌레가 먹고, 다음 가는 것은 어르신들이 드시고, 마지막을 내가 취했다는 것이 맞겠다. 그때는 그게 맞는 일이라고 생각했었다.

그런데 막상 소구리에게서 그런 성향을 발견했을 때 나는 처음으로 양보태교를 후회했다. 소구리의 별명이 '전생에 술래'였다는 것을 알았을 때, 자리건 과자건 장난감이건 원하는 친구에게 선뜻 내줄 때, 제 것을 억지로 뺏겨도 싫은 티를 못 내고 심지어는 또래에게 맞고 돌아와서도 친구 편을 들며 침묵할 때 나는 왜 내 새끼를 착하게 키웠나 가슴을 쳤다. 임신했다는 핑계를 대고, 크고 잘생긴 놈부터 넙죽넙죽 집어먹을걸. 내가 먼저 하고, 내가 먼저 갖겠다고 하면 말릴 분들이 아닌데, 왜 굳이 사양했을까.

그런데 서울에서는 호구 중에 상 호구 취급을 받았던 소구리의 성격이 여기서는 빛을 발했다. 비슷하게들 똑똑하고, 비슷하게들 풍요롭고, 비슷하게들 귀하게 자란 아이들 속에서 양보나 배려는 매우 희귀한 속성이었다. 친구들은 너나없이 전생에 술래였던 소구리를 좋아해줬다. 소구리의 자존감은 그 우정 속에서 점점 커져갔다. 전혀 생각지도 못했던 선순환이 일어난 것이다. 여러 기회를 통해 강남괴물, 리틀몬스터들을 만날 때마다 나는 가슴을 쓸어내린다. 똑똑하고 이기적인 아이들은 대치동에 널렸다. 그들의 지나친 자기애는 개인적으로도 불행이지만 세상을 더 흉하게 만들 것이다. 식상하지만 결론은 하나, 그러니까 인성이다. 다른 거창한 태교는 시도해본 적도 없지만 우연한 계기들이 모여 이루어진 그 두 가지 태교가 소구리 인생의 보물이 되지 않을까.

그런가 하면 요구리 때는 사뭇 달랐다. 세상 모든 사랑을 다 받는 것 같았던 시절은 끝난 지 오래였다. 이번에는 "임신했다고 조직의 물을 흐리는 팀원"으로 미운털이 박혀 있었다. "일에 미쳐 집안일을 내팽개치고 돌아다니는 며느리"로 단단히 찍혀 있기도 했다. 진퇴양난의 상황에서 내가 탐닉했던 것은 그림과 음악이었다. 마침 나는 방송국 개국을 준비하는 태스크포스팀 문화부로 발령이 나 있었다. 떡 본 김에 굿한다고, 특별한 약속이 없을 때는 간단한 음식을 싸 들고 공연과 전시를 보러 다녔다. 제일 좋아하는 장소는 한남동 리움과 신세계 백화점 본점의 옥상이었다. 미국의 조각가인 루이스 부르주아의 '마망' 시리즈가 있는 곳 말이다. 비쩍 마른 거대한 거미를 보며 눈물을 흘리곤 했다. 국립발레단과 유니버설의 레퍼토리는 줄줄 꿴다. 남산 국립극장의 국악 공연이나 예술의 전당, 세종문화회관의 클래식 공연도 빠뜨리지 않고 챙겨봤다. 어차피 몸이 변해서 옷을 사입을 수 없으니까, 그 돈을 문화생활비로 탕진했다. 그것은 일종의 치료비였다.

여기서 잠깐! 광적인 오디오광이자 클래식 환자인 남편과 달리 나는 절대로 클래식 마니아가 아니다. 곰서방이 몰래 케이블을 바꾸고 오디오 소리가 어쩌고저쩌고하면 뒤돌아서 어이쿠 소리를 먼저 뱉어내는 생활인에 가깝다. 그런데 요구리를 가졌을 때는 클래식에 거의 미쳐 있었다. 음악을 들으면 온 우주가 열리는 것 같았다. 화려한 오케스트레이션에 가려진 악기 소리들이 하나하나 분리돼 들릴 정도였다고나 할까. 그건 내가 아니었다. 지금 생각해보면 그건 요구리였을 것이다. 뱃속의 조그만 점 같은 요구리. 요구리는 돌을 조금 넘기면서부터 아빠가 듣는 클래식 음악을 거의 정확하게 따라서 흥얼거렸다. 뒤집기도 늦고, 걷는 것도 늦고, 말도 늦고, 하다못해 밤 기저귀 떼는 것조차 아직까지 완전하지 않은 아이가 희한하게 음악에 대해서만은 또렷했다. 연주에 대한 이야기가 아니다. 친숙도에 대한 것이다. 아이는 언젠가 자신이 들었던 소리를, 그러니까 엄마가 억지로 들려준 것이 아니라 자신이 원해서 엄마의 발걸음을 이끌어 들었던 그 소리들을 기억하고 있는 것만 같다. 나 같은 까막귀에게서 저런 아들이 나오다니!

사랑만 주어도 모자랄 임신기에 사랑받지 못하는 환경에 노출한 것이 너무나 미안해서 나는 대신 예술을 쏟아부었다. 탯줄을 타고 흘러 들어갔을 스트레스 호르몬들이 뮤즈들의 도움으로 좀 희석되었는지는 모르겠다. 그 덕분인지 요구리는 만인의 연인으로 태어났다. 진심으로 다행이다. 나는 외로운 천재만은 정말로 만들고 싶지 않다. 의도하지 않았던 나의 태교에 희미하게나마 어떤 목적이나 방향이 있었다면 다만 그뿐이었을 것이다. 그건 두 아이를 짊어지고 스스로를 유배시킨 지금도 마찬가지다.

막둥이 요구리

요구리가 태어나지 않았다면, 아마 우리 가족의 모습은 상당히 달라졌을 것이다. 나는 한층 더 일에 미쳐 두 눈을 다 가리고 뛰어다니고 있었을 테고, 소구리는 못된 아이들에게 시달리며 힘든 학교생활을 견디고 있었을 거다. 집집마다 복덩이가 있다고 들었다. 우리에겐 요구리가 그렇다. 이 아이의 존재는 인생의 우선순위를 다시 돌아보게 만들었고, 덕분에 우리는 간신히 여기까지 와서 우리가 되었다. 그러니 어찌 요구리가 사랑스럽지 않을 수 있을까.

밥상머리
전쟁

　　잠든 소구리의 팔을 만져보니 앙
상하다. 오랜만에 소구리가 좋아하는 쇠고기를 샀다. 그동안 요
구리 먹을 생선은 떨어지기 무섭게 사댔어도 입이 짧은 소구리
먹을거리는 오히려 부실하게 챙겼다. 잘 먹어야 신이 나서 먹이
지. 언젠가 온 가족이 장을 보고 돌아오는 길이었다. 곰서방이
요구리의 복스러운 먹성을 칭찬하며 "통통한 옥돔 같다."고 싸
고돌았다. 소구리는 대뜸 "그럼 나는 날씬한 은갈치"라고 받아
쳤다. 구슬 옥玉 자가 붙은 옥돔도 귀하지만 은 은銀 자가 붙은
은갈치도 귀한 거 아니냐는 항변이었다.

　　그렇게 말은 번드르르해도 은갈치는 적어도 식탁머리에선

옥돔에 미치지 못했다. 밥상을 받아두고 깨작깨작하다 시도 때도 없이 간식만 주워 먹는 꼴에, 하도 화가 나서 밥을 굶긴 일이 있었다. 할머니들이야 그런 아이가 안쓰러워 밥그릇을 들고 쫓아다니며 두어 시간씩 먹이시지만 현대적 양육법에 개화된 어미 아비가 돼가지고 그렇게는 못하겠다 싶어서였다. 그런데 이건 외할아버지-엄마-소구리로 이어지는 말라깽이 뼈다귀다. 소구리는 몇 끼니를 걸러도 배고픈 줄을 모른다. 그렇게 먹는 것이 없이 쓰기만 하니, 소구리는 저보다 한두 살 위인, 가뜩이나 머리 하나는 더 있는 친구들의 성장속도를 따라잡지 못하고 있다. 결국 급한 마음에 새벽부터 그 비싼 쇠고기 스테이크를 구워 소구리에게 바칠 지경이 되었다. 그마저도 반은 남기는 바람에 욕지거리가 절로 나오는 것을 눌러 참아야 했지만.

그나마 방학 때는 학교를 왕복하고 쉬는 시간마다 밖으로 뛰쳐나가 쓰는 에너지가 저축되면서 살이 조금 붙는다. 그러나 개학만 하면 바로 식탁 전쟁이 다시 벌어진다. 개학을 하고 나면 새벽 6시에 일어나 7시 15분에 셔틀버스를 타고 학교에 갔다가 오후 6시 15분쯤에야 귀가하는 일상이 반복된다. 그러니 집에서 나갈 때는 적어도 우유 한 잔, 달걀 한 알보다는 더 먹어야 하지 않을까.

게다가 달걀도 완숙은 안 된다. 소구리는 '서니 사이드 업(노른자가 해님처럼 방긋 올라온, 안 뒤집은 달걀 반숙)' 스타일로 익

혀야만 먹는다. 한 번은 서니 사이드 업 스타일의 달걀에 베이컨, 치즈, 바나나, 방울토마토, 요플레를 함께 내놓은 적이 있다. 일껏 일어나 욕심껏 차린 상 앞에서 소구리는 요플레 숟가락으로 노른자만 쏙 빼 먹으면서 말했다. "엄마, 왜 평범한 달걀인데 토가 나오려고 하지?" 흰자까지는 못 먹겠으니 남기겠다는 뜻이었다. 그래서 다음 날에는 아빠가 나섰다. 곰서방은 튀김요리의 대가다. 바짝 튀긴 치킨 너겟 다섯 알, 닭다리 하나, 어디 내놔도 부끄럽지 않은 바삭바삭한 군만두 두 개를 식탁에 올려놨다. 내가 "아침을 굶더라도 학교는 가야 한다."주의자라면 곰서방은 "밥을 안 먹으면 학교도 못 간다."주의자다. 소구리는 아빠가 무서워서 찍소리도 못 하고 다 먹었다. 평소엔 한 시간을 줘도 안 끝나는 식사가 집중해서 먹은 덕분에 일찍 끝났다. 나와 나란히 쓰레기 분리수거까지 하고 셔틀버스 정류장으로 뛰려는 참에 소구리가 내 팔을 잡았다. "뛰지 말자. 아까 먹은 거 토 나오려고 해!" 어째 오늘은 토 나온다 소리를 안 한다 했다. 그래도 아빠가 무서워 면전에서는 못 하고.

사흘째 날, 곰서방은 "요구리를 맡겠다."며 아기를 껴안고 자고 내가 부엌으로 나가 아침을 차렸다. 우유, 요플레, 바나나 3종 세트에 포도와 삶은 호박 6분의 1쪽. 단것 좋아하는 소구리를 위해 유기농 시럽도 준비했다. 엄마가 만만한지, 영 먹는 속도가 나지 않았다. 결국 소구리는 바나나와 호박 12분의 1쪽을

남겨놓고선 포도를 지그시 바라보며 말했다. "이 포도가 나한테 먹히고 싶어하지 않는 것 같지?" 결국 폭발하고 말았다. "너 진짜 가지가지 한다. 하다 하다 포도 독심술까지 하는구나!" 이 유들유들한 자식은 씨익 웃더니 간식으로 준비한 과일 도시락을 끼고 일어서며 말했다. "엄마, 요구리 깼다. 얼른 재워요. 오늘은 나 혼자 나갈게." 요구리를 토닥이며 구시렁거렸다. 먹지도 않는 걸 차리느라 아침마다 온 식구가 부산 떨 것 없잖아. 그냥 자기 혼자 일어나 우유에 콘플레이크 정도만 말아먹고 다니면 되겠네. 우유 반, 시리얼 반. 괜히 호텔조식 차리느라 애만 썼잖아. 에이, 저렴한 녀석.

이무기
이야기

청춘의 한 시절, 깊이 동경하던 어떤 상태에 가닿지 못했을 때 좌절은 마음 깊이 남는다. 나는 지금껏 그 상처를 다분히 자기비하적인 어조로, '이무기'의 정서라고 불러왔다. 헛구역질이 올라올 만큼 공부했지만 교수가 되지 못했고 인생의 가장 빛나던 한 시절을 쏟아부었으나 아나운서가 되지도 못했다. 한순간이라도 글을 쓰지 않은 적이 없지만 작가도 되지 못했다. 어릴 땐 원하는 걸 손에 넣은 친구들을 질투라도 했었다. 그러다 어느 순간부터는 부럽지도 샘이 나지도 않았다. 나는 포기가 빨랐다. 그리고 자조했다. "나는 이무기야. 용이 되다 만 뱀이야. 어쩌면 그냥 뱀보다도 못한 존재야." 나를 진심으로 아꼈던 사람들은 안타까워하다 못해 나중엔 화를 냈다. 마지막이라고 생각했던 도전에 실패하고 도망치듯 결혼해 소구리를 낳았다. 그러고도 한동안은 그런 이무기의 정서가 나를 지배했다.

그러다 소구리가 갓 두 돌을 넘겼을 때, 중앙일보의 기자가 되었다. 공채에는 나이제한이 있었지만, 석사학위 덕분에 막차를 탈 수 있었다. 학부를 졸업하자마자 입사한 가장 나이 어린 동기와는 무려 일곱 살 차이가 났다. 작문시험장에서 나는 "20대 지망생들이 가득한 레드오션에서, 30대 애 엄마의 눈으로 세상을 바라보겠다. 그것이 나의 블루오션."이라고 썼다. 입사가 확정된 뒤 회사 노보에 실리는 자기소개에는 "젊은 누군가의 자리를 대신한 것이 죄가 되지 않도록 하겠다."고도 썼다. '메이저 언론사 최초의, 애 엄마 수습기자'라는 꼬리표는 부끄럽기도, 자랑스럽기도 했다.

훗날 전해들은 얘기로는, 회사는 많은 고민 끝에 모험하는 심정으로 나를 뽑았다고 했다. 볼품없는 서른 살 애 엄마를 다시 사회로 불러준 곳, 나는 그곳을 누구보다 사랑하고, 충성을 다했다. 그렇다, 다분히 시대착오적인 이야기지만, 당시의 헌신에 대해 '사랑'이나 '충성' 외의 단어를 찾기 어렵다. 감춰진 진실을 드러내고, 만나고 싶은 사람들을 만나는 일, 좋아하는 글을 쓰면서, 생활을 이어갈 수 있는 일. 나는 다시 태어난다 해도 꼭 한 번은 기자가 될 것이었다. 회사 역시 과분하다 싶을 만큼 기회를 주었다.

그런데 둘째를 가진 뒤 조직의 잉여로 급전직하했다. 임신이라는 불가항력적인 상황 앞에서 무능해져 버린 게다. 출장지에서 하혈을 하는 바람에 돌아와서 유산을 막는 호르몬 주사를 맞았다. 아이는 목에 탯줄을 감고 있었다. 예정일 한 달 전 출산 휴가를 냈다. 휴가를 낸지 사흘 만에 둘째가 나왔다. 스트레스성 조산이었다.

내처 육아휴직을 했다. 나는 이제 혹이 둘이나 달린 애 엄마일 뿐, 더 이상 에이스가 아니었다. 고민하는 내게 곰서방은 "돌아가 봤자 한직만 전전하다 끝날 것"이라고 경고했다. 버려진 왕년의 에이스 여기자들이 사무실 구석에 모여 있는 꿈을 꾸기도 했다. 꿈속에서조차 '반까이(낙종을 만회하는 일을 뜻하는 일본식 언론계 속어)'의 길은 멀었다. 무엇보다 이제야 내 눈에 아프게 들어오는 소구리가, 다시 방치되고 외로워질까봐 두려웠다. 그렇게 이곳까지 왔다.

3학년 여름이었나. 발가락 성장판을 조금 다쳐 운동을 못 하게 된 소구리의 기분을 풀어주려고 지하상가에 갔을 때였다. 이 넓은 제주에 굳이 지하를 뚫을 필요가 있느냐고 누군가는 물었다. 나도 좀 의아하기는 했다. 그곳은 제주시에서도 구도심에 있었다. 예전엔 꽤나 붐볐다는 상가였다. 개축 전의 반포고속터미널 지하상가 같은 분위기가 났다. 낡고 복잡하고 어두운 가게들.

아이는 천장을 올려다보며 말했다. "엄마, 저 위에 뭐가 있을까." 구불구불한 연통들, 가늘고 굵은 전선들, 해묵은 먼지들…. 난 무심히 대답했다. "글쎄, 아무것도 없어." 아이는 아니라고 말했다. "아냐, 엄마. 지하철이 있어. 우리 머리 위로 지하철이 다녀." 나는 픽 웃으며 "여긴 서울이 아니야. 제주도엔 지하철이 없어."라고 정정해주었다. 잠시 침묵이 흘렀다. 내가 대화의 맥을 끊었다는 것을 깨달았다.

"아, 미안. 엄마가 잘못 봤네. 저기 구불구불한 거 뱀이야." "배앰? 어떻게 알아?" "엄마는 뱀띠니까. 뱀 냄새는 귀신같이 맡거든. 동족이잖아." 아이는 빨려들고 있었다. 나는 계속 이야기를 지어냈다. "이건 비밀인데, 저 위에는 뱀이 살고 있어." "몇 마리?" "100마리? 아니, 1,000마리? 암튼 엄청 많아. 지하상가의 불이 꺼지면 뱀들이 내려와 춤을 춘단다. 댄스 배틀이지. 제일 잘 춘 뱀은 용이 되어 하늘로 올라가." "왜 용이 되는데?" "뱀은 원래 용을 부러워하거든." "왜?" "용은 멋있으니까." "그럼, 용이 뱀이 되기도 해?" "아니, 용이 왜 뱀이 되겠니? 뱀이 뭐라고. 뱀들은 다 용이 되고 싶어해. 아무리 노력해도 용이 되지 못한 뱀을 이무기라고 불러." 아이는 또 말이 없었다.

이무기. 한동안 잊고 있던 그 단어를 뱉는 순간 가슴이 몹시 아팠다. 나는 내가 뭔가 크게 잘못 생각해왔다는 것을 알았다. "아, 뱀을 부러워하는 용도 있겠다. 용 중에는⋯." 소구리는 반색을 하며 되받았다. "그지? 뱀은 예쁘잖아. 용이 다니는 학교에서는 다 아는 것만 배우고 재미가 없어서 한 번쯤 뱀이 되어보고 싶은 용도 있을 거야." 그 순간 나는 천경자 화백의 뱀을 상상했다. 낮에는 천장에 숨어 있다가 밤이 되면 지하보도에 내려오는 뱀, 상가에 우글우글한 어여쁜 독사들을. 잔뜩 똬리 튼 것들, 아리게 노려보는 것들, 시뻘겋게 혀를 널름대는 것들, 얽히고설킨 것들⋯. 나는 왜 뱀인 나 자신을 사랑하지 못했을까. 왜 항상 스스로가 아닌 것이 되려고 했을까. 뱀에게는 용이 모르는 소소한 기쁨과 행복도 있을 것인데, 어찌하여 용의 세계만 목을 빼고 바라봤을까.

소구리의 태몽이 생각났다. 꿈속에서 나는 아기 뱀 한 마리를 들고 있었다. 오른손 엄지와 검지로 뱀의 머리를 잡고 "뱀은 싫어! 뱀은 싫단 말이야. 용, 용이 되라고!"라고 외치고 있었다. 만화처럼 펑! 연기가 터지고, 아기 뱀은 커다란 황룡이 되어 나를 태우고 하늘을 날았다. 용은 하나도 무섭지 않았다. 민화 속의 용처럼 싱글싱글 웃는 얼굴이었다. 꿈속의 나는 우리를 태운 근두운의 색깔까지 고른 뒤에야 흡족해져서 배시시 웃으며 깨어났다. 다른 좋은 꿈들은 모두 남이 대신 꾸어준 것이고, 내가 꾼 태몽은 만화 같고 민화 같은 이것이 유일했다.

내가 낳은 것이 용이 아닐 수도 있다는 두려움이 나를 여기까지 데려온 것일까. 비록 지렁이만 한 실뱀일지라도 매섭게 조련해 용을 만들고야 말겠다는 뜻일까. 소구리가 유달리 여성스러운 취향을 가진 것, 크고 멋지고 강한 것보다 작고 섬세하고 약한 것들에 자꾸만 마음을 쓰는 것은 어쩌면 그 꿈 때문인지도 모른다. 나의 아들은 그러나, 커다랗고 멋진 용보다도 작고 어여쁜 뱀을 더 귀하게 여길 줄 아는 아이다. 뱀이 용을 꿈꾸듯 용이 뱀을 꿈꿀 수도 있다고 기꺼이 생각하는 아이다. 왕자가 거지가 되고 광해가 또 다른 광해를 만들듯. 이 아이와 함께 나는 용이 아니어도 행복할 수 있을지 모른다. 뱀이어도, 이무기어도.

내 교육의 목표는 '가을 야구' 같은 것

곰서방은 골수 LG 트윈스 팬이다. 시작은 MBC 청룡 시절부터였다고 한다. '꼴쥐'라고 부르면 "'칠쥐'거든! 꼴등은 롯데야, '꼴데'라고." 이렇게 정정하곤 했다. 7등이나 8등이나 도긴개긴, 도토리 키재기로구먼. 지난 10년간 곰서방은 "나는 배신을 모르는 남자. 의리와 신용의 엘지팬", "가을에는 원래 야구 하는 거 아니야." 같은 패배적인 믿음을 갖고 살았다. 그런데 기적이 일어났다. 입도 첫해, LG가 10년 만에 가을 야구에 가준 것만도 놀라운데 여세를 몰아 2등을 했던 것이다. 곰서방은 거의 울었다. 심지어 입도 두 번째 해 역시 다 죽어가던 게임이 역전에 역전을 거듭하며 2년 연속 가을 야구에 진출했다. 곰서방은 휴거를 앞둔 광신도처럼 거의 정신이 나가서는 기회만 있으면 야구 채널을 틀어놓고 낄낄댔다. 말하자면 곰서방은 '야구형 남자'인 것이다.

그해 가을, LG의 움직임이 심상치 않자 곰서방은 똥 마려운 강아지처럼 안절부절못하며 소구리의 가을방학만 기다렸다. '유광잠바(정식 명칭은 춘추구단점퍼)'를 입혀 잠실에 직관(직접관람)을 가고 싶어서였다. 10년 만의 가을 야구 진출은 그만큼이나 놀라운 사건이었던 것이다. 그러나 티켓 오픈 첫날, 부부가 종일 온라인쇼핑에 매달렸지만 서버가 다운됐는지 응답이 없었다. "죄송합니다, 고객님." 똑같은 메시지를 들여다보며, 곰서방은 연신 강아쥐, 송아쥐, 두더쥐, 다람쥐를 불러댔다. 그리고 가을방학, 섬 부자 둘은 일단 상경부터 했다. 잠실 구장 근처까지도 갔다. 그런데 암표가 기승을 부려 결국 문 앞에서 그냥 돌아오고 말았다. 그날 경기는 두산의 승리. 거봐, 진작에 1루로 가라니까, 괜히 3루에서 보겠다고 버티더니만. 곰서방은 "아들이랑 그 돈 주고 경기를 봤으면 병났을 것."이라고 스스로를 위로했다. 여우의 신 포도렷다.

그놈의 유광잠바에도 사연이 있다. 섬에 사니 그걸 구할 방법은 온라인뿐인데, 불행히도 곰서방 같은 아빠들이 너무나 많았던 것이다. 소구리 사이즈는 전량 매진이었다. 곰서방은 울며 겨자 먹기로 남아 있는 7세용을 주문했다. "그러지 말고 두산

점퍼 입히라니까. 로고도 세련되고, 색상도 평상복마냥 산뜻하더구면. 경기 없을 때는 도무지 입을 수도 없는 번질번질한 자주색 잠바를 어디다 쓰겠다고 그렇게 집착하는지 모르겠네, 원." 두산 팬인 나는 곰서방을 한껏 골려줬다.

그러나 잃어버린 10년 동안 음지에서 암약하던 쌍둥이 팬들이 다 어디서 나왔는지, 세상은 온통 자줏빛이었다. 마침 가을 트렌드 색깔과도 딱 맞춤이었다. 곰서방은 소구리한테 7세용 점퍼를 겨우 끼워놓고는 소매를 잡아 끌어내리며 "딱 맞다."고 억지를 부렸다. 상경을 하루 앞둔 금요일 밤에는 요구리한테 그걸 걸쳐보며 한숨을 쉬었다. "요구리가 이거 입으려면 5년은 있어야겠지? 그때도 가을 야구에 갈 수 있을까?"

야구홀릭의 아내이자 야구홀릭의 엄마로서 내 교육의 목표는 가을 야구에 가는 거다. 그러니까 소구리 요구리가 대학을 졸업하고 공부를 마칠 때까지가 정규 시즌, 그 아이들이 사회인으로서 기능할 때는 포스트 시즌인 셈이다. "정규 시즌이 끝나도 게임은 계속된다."는 말은 교육에 갖다 붙여도 꼭 들어맞는 얘기였다. 야구 하루이틀 할 것도 아닌데, 일희일비하지들 말지. "시험이 끝나도 인생은 계속된다." 이 말이야.

소구리를 낳고 한 번, 요구리를 낳고 또 한 번, 도합 두 번을 울타리 안에 들어앉아 칩거하면서 복기하고 또 복기했다. 학창 시절 우등생이었던 내가, 또 누구보다도 이기는 게임만 한다고 자부했던 내가 인생의 본 게임에서는 왜 자꾸 주저앉고 마는 것일까? 내게는 두 가지 결정적인 '결점'이 있었다. 여자라는 것, 그리고 범생이라는 것.

변호사 친구가 말했다. "남자인 것이 스펙"이라고. 친구가 일하던 로펌은 유독 민주적인 가치를 중시하는 곳이었다. 그러나 막상 신참 변호사가 임신을 하니 다소 불편해하더라는 것이었다. 이 땅에서 여자로 태어났다는 것은 아직까지는 썩 유리한 조건은 아닌 것처럼 보인다. 소수의 여왕벌을 제외하고는 말이다. 이 문제는 언젠가 따로 얘기해야 하는 것이니 좀 접어두고, 여기선 범생이의 한계에 대해서만 말하려 한다. 학교의 범생이는 왜 사회에서 실패하는가.

내가 보기에 그것은 범생이라는 존재 자체가 시대착오적이기 때문이다. 범생이는 부모 세대, 선생 세대의 교육관에 딱 맞춰 만들어진다. 최소한 한 세대, 그러니까 적어도 30년은 사회에 뒤떨어진 마인드로 세팅됐다는 뜻이다. 그런 존재들은 당장의 칭찬이나 인정에 눈이 멀어, 정작 자신이 살아갈 시대의 정신에는 둔하다. 그들은 자기 세대의 평범한 절대다수가 살아가고 세상을 움직이는 방식을 이해하지 못한다.

더구나 범생이들이란 대개 외적인 승리에 집착한다. 항상 이기려고만 든다. 중간고사도 1등, 기말고사도 1등, 하다못해 쪽지시험, 수행평가, 반장 부반장 회장 부회장 선거에서도 1등. 도무지 지는 법을 모른다. 당연히 슬그머니 져주는 법 같은 고단수의 인생철학은 장착하지 못한다. 적어도 지금까지는 그렇게 모든 스펙을 1등으로 만들어야만 서울대 하버드대에 갔다. 삼성이 하다못해 야구에서까지 1등인 거랑 비슷하달까.

하지만 바로 그렇기 때문에 학교의 범생이들은 인생이라는 진짜 전쟁에서 패하는 거다. 다른 사람들의 마음을 사지 못하기 때문이다. 후보자 토론에서 데이터와 팩트와 목청을 내세우며 맹렬히 몰아붙이는 쌈닭이 정작 선거에서 이기는 경우는 거의 없다. 어눌이 달변보다 대우받는 우리나라에선 더욱 그렇다. 많은 야구팬들이 1등 삼성보다 7등 엘지, 꼴등 롯데를 더 열광적으로 사랑하는 데는 이유가 있지 않을까(1등 삼성팬 여러분, 죄송합니다아~. 참, 올해는 칠쥐, 꼴데 아닌데…. 한화, 기아의 보살팬 여러분, 사과드립니다아~).

이전 세대의 범생이들은 심지어 악바리이기까지 했다. 개미처럼 성실하기도 했다. 성실한 악바리가 아니고서는 그 긴 레이스를 견뎌낼 수가 없는 거다. 나와 이름이 같은 만화가 이진주 선생이 그린 작품 중에 〈달려라 하니〉가 있다. 하니는 "나애리, 이 나쁜 기지배!" 그러면서 엄마가 계시는 하늘까지 달리는 소녀다. 하니처럼 내 별명도 악바리였다. 참아야 하는 것, 금해야 하는 것도 많았다. 공부할 게 산더미 같은데, 언제 만화방, 노래방, 피시방에 가고, 언제 연애를 하겠어? 그러다 보니 결핍도 많고, 피해의식도 많았다. 이런 범생이들을 구원해줄 수 있는 건 먼저 세상을 경험한 어른들이다. 세상은 교과서처럼 굴러가지 않는다고 말해줄 사람이. 아이들에게는 절실히 필요하다. 부모든, 교사든 말이다.

신데렐라 스토리를 다룬 어느 드라마에선가 이런 대사를 들었던 기억이 난다. "걔는 너무 열심히 해서 촌스럽다."고. 범생이가 딱 그렇다. 너무 열심히 해서 촌스럽다. 옛날 방식으로 너무 열심히 하고, 심지어 자기 혼자만 그러기는 억울하니까 다른 사람까지 몰아붙여 개미지옥으로 끌어들인다. 적당히 즐기고 재충전도 해가면서 가족도 돌보고 친구도 둘러보는 장삼이사들, 가끔은 손해도 보고 일부러 져주기도 하는 필부필부들과 도무지 소통할 길이 없는 것이다. 그러니 당연히 실패할 수밖에. 그걸 두 번째 주저앉아서야 깨닫다니.

가을방학 전에 소구리가 사회 시험을 봤다. 성적이 별로였다. 당연하지, 집에서 복습을 안 했거든. 그런데도 아들은 내게 자랑을 했다. 어쩌면 자랑이 아니라 부모의 자격을 시험하며 간을 본 건지도 모르겠다. "엄마, 나 서른 문제 중에 24개 맞았어." (볼一) 장단을 맞춰줬어야 했는데, 나는 실수했다. 왕년의 범생이 버릇이 튀어나왔던 것이다. "뭐야? 30개 중에 24개면 80점 아냐. 80점이면 우야 우, 이 녀석아!" (스트라이크一) 엄마의 판정에 소구리 선수는 격렬하게 항의했다. "공부 안 한 것 치고 이만하면 잘한 거 아냐?" (투 볼一) 40년 가까이 묵은 엄마가 또 받아쳤다. "엄마가 변명하지 말랬지. 잘한 거면 잘한 거고 못한 거면 못한 거지, 왜 자꾸 변명을 하니? 자꾸 그렇게 공부 안 하고 시험 볼 거야? 그러다 습관 된다, 습관. 결국 습관이 실력이 되는 거야." (투 스트라이크一) 우리의 소구리 선수, 어떻게든 기사회생해보려 고 안간힘을 썼다. "우리 반에는 스무 개 맞은 애도 있단 말이 야!" (스리 볼一) "어떻게 만날 아래를 보니? 위를 봐야 발전할 거 아니야, 발전!" (스리 스트라이크一) 삼진 아웃. 아이가 아니라 엄 마가 아웃이다, 아웃.

아뿔싸, 발전이라니. 이 무슨 선사시대 용어란 말인가. 21세 기 부모 노릇에 진정 발전이 없네, 발전이. 어쩌면 이렇게 1980년 대 우리 엄마와 나의 대화와 판박이인지. 20세기 여자가 21세 기 남자를 다루는 것은 이렇게나 버거운 일이다. 소구리 교육의 목표는 뭐다? 포스트 시즌 진출이다. 그 이후에도 오래도록 즐 겁게 살아남는 거다. 엘지 팬들처럼 서로 웃고 서로 위로하면서

말이다. "소굴아, 가을 야구 가자~ 요굴아, 너도 가자." 아차, 요
구리는 축구형 남자인데, 참. 어찌 됐든 "21세기의 친구들아, 함
께 가자, 가을 야구!"

그 많던 여학생들은
어디로 갔을까

여학생들에게 만날 지고 다니는 조금 덜 떨어진 아들을 둔 엄마가 그랬다지. 여자 몸인 자기의 신세한탄도 좀 섞어서 말이다. "괜찮다. 아들아, 그래도 세상은 남자들의 것이란다." 해마다 열리는 졸업식에서 빛나는 알파 걸들을 입 벌리고 구경했다. 아들만 둘인 것이 못내 아쉬워 딸이란 보장만 있으면 하나 더 낳고 싶은 마음이 굴뚝이다. 내 맘대로 되지 않는 아들에 비해 딸은 얼마나 강하고 똑똑하고 아름다운가. 하느님도 무심하시지, 왕년의 페미니스트에게 어찌하여 딸을 허락하지 않으셨을까. 예쁜 딸 하나 얻어 발레복 입히고 보석구두 신기고 비단리본으로 머리를 묶어 줄 생각에 가슴이 벅차다가도 금지옥엽이 자라 스무 살이 되고, 서른 살이 되고, 결혼을 하고, 새끼들을 낳아 나랑 똑같은 전쟁을 하며 살아갈 것을 생각하면, 딸이란 운명은 그냥 내 대에서 끝내야겠다고 생각하게 된다. 이것은 '꿀딸'이라 부르며 애지중지 나를 키우셨던 원조 '딸바보' 아버지의 소망이기도 하다. 그러나 언젠간 딸로 태어난 기쁨이 더 큰 날도 오겠지. 아기의 눈 속에서 길을 잃는 찰나의 기쁨들이 쌓이면, 그래 그런 날도 오겠지.

탐내던 딸들이 학교를 떠났다. 엄밀히 말하자면 이 아이들은 학교를 떠난 것이 아니라 이 나라를 떠난 것이다. 왜? 한국 사회에서 공부 잘하는 여자아이들의 미래란 빤하거든. 남의 집 사정을 속속들이 알지는 못해도 엄마들 역시 '왕년의 알파 걸'이었을 것이다. 그러다 역시 알파 걸인 딸들을 낳고 고민에 휩싸였겠지. 문득 두려워지기도 했을 것이다. "나를 꼭 닮은 나의 딸이 나처럼 살게 되면 어떡하나."

정 붙일 사람 하나 없는 타국에서 어린아이들만 데리고 고군분투하는 길을 택한 엄마들의 마음을, 기러기가 되는 것을 감수하고 금쪽같은 딸들을 밖으로 내보내는 아빠들의 마음을, 나도 반쯤은 이해할 수 있을 것 같다. 이런 친구들을 만나면 나는 입버릇처럼 말한다. "딸이 서른 전에 승부를 볼 수 있는 일을 찾도록 도와주세요. 결혼은 목표를 이루기 전에는 절대 시키지 마세요. 하더라도 아이는 늦게 갖도록 조언해주세요. 아시다시피

아이를 낳은 후의 인생은 딸의 것이 아니랍니다. 그러나 만약에 딸이 남자나 자식을 선택하더라도 너무 상처받지 마세요. 여전히 딸의 성공을 원한다면 손자 손녀는 친정엄마가 키워주세요. 엄마의 일을 아이들에게 긍정적으로 설명해주는 할머니가 되세요."

천하의 조수미 씨가 유학을 갈 때 아버지가 그러셨다지. "여자의 인생에서 (직업적인 성공과 가정의 행복) 둘 다를 가질 수는 없단다. 둘 다 가지려고 하지 마라." 그렇다. 우리는 아직까지 "우리 딸은 대학 장학생이었고 직장에서 억대 연봉을 받아요." 라고 자랑하는 부모에게는 "그래서 딸이 결혼은 했어요?"라고 묻고, 결혼 후에두 맹렬히 일하는 남의 아내에게는 "그래서 아이는 언제 낳을 건데요?"라고 묻고, 아이를 낳고도 야근하는 엄마에게는 "그래서 애들 밥은 먹이고 다녀요?"라고 묻는 사회에 살고 있다.

그 많던 여학생들은 어디로 갔는가

_문정희

학창 시절 공부도 잘하고
특별 활동에도 뛰어나던 그녀
여학교를 졸업하고 대학 입시에도 무난히

합격했는데 지금은 어디로 갔는가

감잣국을 끓이고 있을까
사골을 넣고 세 시간 동안 가스불 앞에서
더운 김을 쏘이며 감잣국을 끓여
퇴근한 남편이 그 감잣국을 15분 동안 맛있게
먹어치우는 것을 행복하게 바라보고 있을까
설거지를 끝내고 아이들 숙제를 봐주고 있을까
아니면 아직도 입사 원서를 들고
추운 거리를 헤매고 있을까
당 후보를 뽑는 체육관에서
한복을 입고 리본을 달아주고 있을까
꽃다발 증정을 하고 있을까
다행히 취직해 큰 사무실 한 켠에
의자를 두고 친절하게 전화를 받고
가끔 찻잔을 나르겠지
의사 부인 교수 부인 간호원도 됐을 거야
문화센터에서 노래를 배우고 있을지도 몰라
그러고는 남편이 귀가하기 전
허겁지겁 집으로 돌아갈지도

그 많던 여학생들은 어디로 갔을까
저 높은 빌딩의 숲, 국회의원도 장관도 의사도
교수도 사업가도 회사원도 되지 못하고
개밥의 도토리처럼 이리저리 밀쳐져서
아직도 생것으로 굴러다닐까
크고 넓은 세상에 끼지 못하고
부엌과 안방에 갇혀 있을까
그 많던 여학생들은 어디로 갔는가

이 시를 쓴 문정희 시인은 여고 시절부터 미당 서정주가
인정한 '천재 소녀'였다. 한때의 문학신동에 그치지 않고, 지금
까지도 굵직한 시들을 생산해내는 현재진행형 거장이며, 한국
시인협회장이기도 하다. 우리 엄마 세대인 시인이 보기에도 그
것이 의문이었나 보다. 한 인물들 하던, 그 많던 여학생들은 다
어디로 가버렸는지. 이 질문은 지금도 여전히 유효하다. '최초의
이공계 출신 여성' 대통령이 나오는 이 시대 대한민국에도.

아들과 엄마,
그리고 며느리

제주에 온 뒤에야 장모를 가까운 곳에서 들여다보게 된 사위는 아내의 시원始原을 발견했다며 낄낄거리고 웃는다. "당신이 걸핏하면 체하는 것, 날씨가 조금만 이상해도 신체 기능이 마비되는 것은 산후조리를 못해서가 아니라 장모님 때문이었어." 그는 이른바 '마누리의 오리진Origin'이 어디인지 알겠다고 놀려댄다. 그렇다. 나는 겉모습과 정신세계는 아빠를, 속은 엄마를 닮았다. 기왕 거미처럼 까맣고 깡마른 아빠의 몸을 물려받을 거였으면 튼튼한 내장까지 함께 받을 것이지, 하얗고 글래머러스한 엄마의 껍데기는 쓸데없이 남동생들에게 가고 상습적인 소화불량만 내게로 왔다. 그 반대의 조합이 건강하고 행복한 여자로 살기엔 훨씬 좋았을 텐데.

엄마와 나는 완전히 다르다. 얼굴도 체형도 취향도 식성도 다르다. 저런 엄마한테서 어떻게 이런 딸이 나왔을까 싶어질 정도다. 그건 엄마 입장에서도 마찬가지일 것이다. 내가 완벽한 아빠 딸이라면, 남편은 철저히 어머니 아들이다. 내가 파파걸이라면 곰서방은 마마보이다. 우리는 서로 그걸 갖고 놀린다.

서울을 오갈 때 어지간하면 저가항공을 즐겨 타던 남편은 지난봄 간만의 시댁 나들이가 좋았는지 아시아나 제주행 비행기의 가장 늦은 편을 선택했다. "소구리, 월요일에 학교 가야 하는데…"라는 반론은 한마디로 묵살됐다. "집에서 저녁 먹고 가면 좋잖아." 그러니까 결혼한 지 10년이 지났지만 어머니의 집이 아직도 남편의 집이었던 것이다. 주말 동안 빠듯한 일정에 이것저것 끼워 넣느라 무리하고 있는 데도 곰서방은 굳이 시댁에서 아침부터 저녁까지 챙겨 먹기를 고집했다. 내가 이성적인 이유를 들어 반대하면 유독 까칠하게 굴었다.

그때 소구리에게 혼잣말처럼 물었다. "얘, 네 아빠 왜 저러는 거니?" 아이가 대답했다. "음, 내 생각에, 아빠는 사랑하는 여자가 따로 있는 것 같아." 의외로 마음이 철렁해서 다시 물었다. "그래? 그 여자가 누굴까?" 소구리는 한참 생각하다가 말했다. "할머니! 아무래도 가족이니까." 황당해서 멍해졌다가 어쩐지 그럴싸하기도 했다가, 그래도 좀 억울해서 항변을 해봤다.

"야, 그건 말이 안 되지. 엄마도 아빠 가족인데. 10년 넘게 살면서 애도 둘이나 낳았는데." 그랬더니 소구리의 대답. "그렇기는 하지. 그래도 낳아주신 엄마니까 더 가깝겠지."

아아, 그래서 〈야왕〉의 백도훈이 주다해의 다른 모든 패악에는 눈감았다가 누나이자 엄마인 백도경 전무를 건드린 것을 알고는 이성을 잃었구나…. 감정선을 종잡을 수가 없었던 옛날 드라마가 순식간에 이해가 됐다. 내가 모든 걸 버리고 주저앉아 소구리 요구리를 물고 빨고 키우듯이, 세상의 다른 모든 어미들도 이렇게 아들들을 키워내는구나. 이걸 내가, 고작해야 10년을 같이 산 여자가 어떻게 훼방 놓을 수 있겠나.

제주에 내려와 비로소 독립된 가정을 꾸리고 두 아들과 알콩달콩 살다 보니, 어머니에게 아들이 어떤 의미였고, 또 며느리인 나는 어떤 의미였을지 어렴풋이 알게 됐다. 남편하곤 못살아도 어머니랑은 살겠다 싶었던 허니문 기간도 있었고, 친정 엄마보다 좋았던 시엄마의 시절도 있었고, 서로의 밑바닥을 드러내며 으르렁댔던 적도 있었다. 어머니를 용서하지 못해 남편을 미워했던 때도 있었고, 이렇게는 도저히 못살겠다 싶었던 적도 있었다. 모든 냉각기가 그러하듯이, 우리에게 다시 처음의 마음을 들여다보는 시간이 주어지고, 오해와 분노와 미움이 옅어진 뒤, 분명하게 남는 건 이런 것들이다.

　　내 눈에는 간간이 별거 아닌 사람처럼 보이는 내 남자를 키우실 때 어머니는 얼마나 많은 꿈들을 꾸었을까. 당신이 아들에게 얼마나 많은 시간과 마음과 정성을, 그러니까 당신의 인생을 쏟아부었을지 나는 헤아려야만 한다. 내가 남편의 아내란 것을 인정받지 못할 때마다, 이 완전한 가정의 들러리처럼, 어디선가 굴러온 돌처럼 여겨질 때마다 좌절했듯이, 더 이상 자신이 아들의 넘버원이 아니란 것을 알고 어머니가 느끼셨을 분노와 배신감을 이해해야만 한다. 어머니로 인해 온전한 어미의 역할을 거부당했을 때 내 임계치가 터져버렸던 것처럼, 내가 당신의 말씀에 순종하길 거부할 때 당신 역시 당신이 그려왔던 더 큰 왕국의 여왕 역을 맡지 못하고 무대에서 쫓겨나는 기분을 느끼셨을 거라는 점을 인정해야만 한다. 어머니는 나와 우리 가족을 지배하고 싶어서가 아니라 외로워지지 않기 위하여 애정과 헌신과 금력과 명분 등등의 모든 수단을 '휘두르셨다'는 것을 알아드려야 한다.

　　어머니는 뵐 때마다 늙으신다. 이제는 훌쩍 커서 자꾸만 당신 품 밖으로 달아나려는 소구리를 붙잡고, "우리 소구리가 수학을 잘하는 건 어렸을 때 자장가처럼 구구단을 외우며 잠들었기 때문이야. 그러니 할머니의 공로도 조금은 있지 않을까?"

182

라고 공치사를 하실 때는 오히려 귀여우셨다.

　　신화 속의 왕들은 아비를 죽이고 왕이 된다. 동물의 왕국에서 늙은 암사자는 젊은 암사자에게 수사자를 빼앗긴다. 모든 아들들은 배반하고, 모든 어미들은 배신당한다. 모든 딸들은 자신의 젊음과 아름다움으로, 또는 지략과 헌신으로 영원히 왕국을 지배할 수 있을 거라 생각하지만 그 착각은 더 어린 딸들에 의해 산산조각 나고 만다. 내가 그저 하나의 동물로, 원형의 인간으로, 유전자의 통로로 활용되는 이때, 나는 충분히 이용당하리라. 전 세대의 어미들이 그러했듯이. 그러나 더 이상 어미가 아니어도 되는 시기가 되면 나는 다시 나로 온전히 한번 살아볼 테다. 그때는 내가 왕국의 여왕이 아니어도 좋겠지.

　　어머니가 보내주신 육지 과자를 먹으며 생각한다. 어쩌면 나는 우리 엄마보다 어머니를 점점 더 닮아가고 있다고. "내가 원래 센 여자들을 좋아해. 우리 엄마처럼." 곰서방의 고백이다. 이런 것도 사랑고백인가? 참 내.

새로운 취미들

사는 곳이 달라지니 사는 방식도 달라졌다. 입도 첫해엔 부지런히 이
곳저곳 다녔던 엄마들도 결국엔 뜨개질이나 퀼트에 빠져드는 모양이
다. 우리 부부가 새롭게 발견한 취미는 요리와 인테리어다. 워낙에 물
가가 비싸니 한 번이라도 덜 사먹자던 것이 철철이 과실청을 담고 한
달에 두세 번씩 홈 파티를 여는 수준으로 진화했다. 가정방문이 잦다
보니 집을 꾸미게 되고, 분갈이며 벽장식이며 어지간한 것들은 내 손
으로 해결하게 된 것. 곰이랑 사슴이 그려진 천을 떼어다 북유럽 액자
까지 직접 만들기에 이르렀으니, 여자의 변신은 무죄다.

딸은, 그렇게
어미가 된다

내가 요구리를 임신했을 때 친정 엄마는 갑상선암을 앓았다. 당시 엄마는 전화기 너머로 걸핏하면 울었다. 그러면 나는 벌컥 화를 냈다. 여자들끼리 울고 짜는 건 딱 질색이야. 그래도 마음속으론 불안했는지, 고단한 어느 금요일 저녁 엄마네 갔다. 그리고 기어이 엄마 밥을 얻어 먹었다. 그러다 체해서 사이다를 받아 마셨고, 계속해서 뻔뻔스러운 딸 놀이를 했다. 침대에 누워 뒹굴며 부엌 근처에는 가지도 않았다. 엄마는 그런 냉혈 딸이 섭섭하겠지만, 연락도 없이 찾아온 것만으로도 위안을 받는 것 같았다.

"갑상선암이 뭐라고. 그거 암도 아니래." 말은 그렇게 했지만 나도 불안은 했다. 아버지는 더했다. 밖에서만 겁나게 멋지고 정의롭고 너그러웠지, 집에서는 천상천하 유아독존의 폭군이었던 우리 아버지는 나이를 자시면서 어린애처럼 엄마바라기가 되셨다. 엄마의 병이 "청천벽력 같았다."는 고백은 아마도 사실이었을 것이다. 아버지는 용하다는 스님께 당신의 팔자를 뽑아보시곤 비로소 안심하셨다. "어이~ 내 사주에 홀아비는 안 들었대. 당신 괜찮을 거야." 겁이 나서 차마 엄마 사주는 물어보지도 못하셨던 거다.

요구리가 한 달이나 일찍 나왔을 때 나는 혼자였다. 시부모님은 제주로 여행을 가셨고, 곰서방은 이모님이 오실 때까지 어린 소구리와 분만실 밖을 지켜야 했다. 친정 아버지는 암 수술을 하루 앞둔 엄마에게 딸의 출산을 알리지 않았다. 그렇게 아끼는 꿀딸이라면서 엄마가 흥분하거나 과로하실까봐 근심이 되셨던 모양이다. "두 번째니까 잘할 수 있지? 너한테는 곰서방이 있잖아. 어련히 알아서 하겠니? 아빠는 엄마를 지킬게."

한때 세상에서 나를 가장 사랑했던 남자에게 졸지에 버림받았으면서도 실실 웃음이 나왔다. 엄마가 아버지에게 몇 십 년 만에 여자가 된 것이다. 나이 일흔에 마침내 다다른 어떤 경지. 엄마의 병은 두 분의 노후에 약이 되는 깨달음을 가져왔던 것이다.

엄마의 병이 바꿔놓은 것은 아버지의 태도만이 아니다. 평생을 여걸 코스프레에 사로잡혀 있던 엄마의 자세까지도 변해 버렸다. 사람은 궁지에 몰리면 본성을 드러낸다. 냉정하고 현실 적이며 강인했던 엄마는 사실 따뜻한 위로 한마디를 그리워하 는 어린 소녀였다. 삶에 지지 않기 위해 그런 껍데기를 뒤집어 쓰고 계셨을 뿐, 유약하고 감성적인 사람이었다. 요즘의 엄마는 내가 알던 엄마와는 완전히 다른 사람이다. 못 하시겠다는 것도 많고 엄살도 심하다. 걸핏하면 울고, 뻑 하면 감동을 받는다. 암 이 우리 식구들의 가면을 죄 벗겨간 모양이다.

환자를 앞에 놓고, 폐암은 100만큼 무섭고 갑상선암은 30 만큼 무섭다고 설명할 순 없는 일. 아무리 착한 암이라 해도 당 하는 이의 두려움은 발생 부위의 중대성에 비례해 줄어들지 않 는다. 과학적인 잣대는 내 두려움을 축소하기 위해 필요한 것이 었고, 엄마의 아우성은 아우성 그대로 들어드리기로 했다. 사실 엄마는 '명의'에게 수술받기 위해 한 달 반이나 기다리다 병을 조금 키우셨다. 생각보다 절제 부위는 커졌고 목소리는 한참 동 안 돌아오지 않았다. 방사성 동위원소 치료도 서둘러 받게 되셨 다. 그러시지 말라고, 명의로 알려진 이가 반드시 손이 좋은 것 은 아니라고, 애비가 아는 분을 소개해드리겠다고 해도 막무가 내였다. 평소의 이성은 사라지고 미신과도 같은 신봉의 상태에 사로잡힌 것이다. 식구들이 병을 키우는 것은 어리석다고 할수 록, 진료 대기자의 명단이 길수록 엄마에겐 그 명의에게 수술받는다는 사실 자체가 완치나 기적과 동의어처럼 느껴지셨던 것 같다. 그때 필요한 건 이성이 아니라 공감이었다.

＊

"셋째를 낳을 것이 아니라면, 요구리 때 잘했어야 하는데…." 엄마는 딸의 산후 구완을 못 해주신 걸 지금까지 가슴 아파하신다. 산후조리원에서 나와 아픈 엄마네로 가지 못하고, 시댁으로 향했다. 어머니는 물론 컵 하나도 씻지 못하게 하셨지만, 그러기가 쉽지 않은 것이 며느리라는 자리다. 더구나 어머니의 8층 아파트는 나의 3층 아파트보다 아무래도 추웠다. 결국 몸에 바람이 들었다. 비 오고 흐린 날이 많은 제주생활에 가장 치명적인 것이 그거다. 한여름에도 발이 시렵다는 거.

그걸 만회하시려고 엄마는 입도 두 해 만에 내 집을 샀을 때 제주에 내려와 두 달이나 요구리를 돌봐주셨다. 그러다 아침저녁으로 오락가락하는 제주 날씨에 결국 쓰러지고 말았다. 뭘 잘못 드셨는지, 토사곽란에 시달리다 입원까지 하신 것이다. 엄마는 옛날 사람이라 그런지, 냉장고가 비면 불안증을 앓는다. 이사를 가야 하니 일부러 비우는 거라고 아무리 말씀드려도 소용이 없었다. 오일장에서 과일이며 찬거리를 잔뜩 짊어지고 오시다 사달이 났던 거다. 새로 지은 병원 입원실에서는 청결한 냄새가 났다. 엄마의 병실에선 도두 바다가 보였다. 제주씩이나 와서도 입원이나 해야 겨우 바다를 보시다니. 딸 가진 엄마는 비행기를 탄다는 말대로 비행기를 타긴 탔는데, 그 팔자가 딱도 하셨다. 엄마는 "도와주러 왔다가 되레 짐이 되었구나."라고 하시면서도 "하와이 휴양병원에 온 것 같다."고 좋아하셨다. 아, 들장미소녀 같은 엄마, 철딱서니 없는 엄마.

그 여름이 끝날 때 엄마는 떡갈고무나무 한 그루를 사다 놓고 가셨다. 엄마처럼 거칠고 강한 나무였다. 물을 많이 주지 않아도 햇빛만 보면 잘 자란다. 나는 그걸 '엄마 나무'라고 부른다. 우리 엄마는 참 촌스러운 여자다. 집들이 선물로 나무가 뭐람. 서울에서도 그랬다. 시댁에서 3년을 살다 처음 살림을 났을 때 아무 말도 없이 화분 하나를 배달시키셨다. 과장을 좀 보태 집채만 한 철쭉이었다. 굵은 철사로 분재처럼 이리저리 모양을 잡아놓은 철쭉. 그 이른 봄에 이만한 화분을 구하려면 돈도 꽤 많이 들었을 텐데. 나는 엄마가 시집간 딸한테 자꾸 돈을 쓰는 것도 싫고, 그 꽃이 하필이면 철쭉인 것도 싫었다. "친구들이랑 맛있는 거나 사 잡수시지. 왜 하필 철쭉이람, 촌스럽게."

철쭉은 심지어 오래도 갔다. 엄마의 철쭉은 가지가지 송이도 많아서 한겨울부터 봄날이 다 가도록 피어 있었다. 그때 우리 집 화단에는 알로카시아가 자라고 있었다. 토란처럼 탐스러운 잎에 방울방울 이슬이 맺히는 청순한 알로카시아. 그게 보기 좋아서 식물용 조명까지 따로 사다 달았을 정도였다. 그렇게 공들여 키우는 알로카시아와 철철이 트렌드에 맞게 들여놓은 세련된 식물들이 살고 있는 화단에서 엄마의 철쭉은 입술을 분홍색으로 칠하고 상경한 촌색시처럼 이질적인 존재였다. 그래서 엄마의 철쭉은 꽤 오래도록 현관 옆 곁방 신세였다. 내색하지는 않았지만 엄마는 섭섭하셨을 것이다.

그런데 참 희한하게도 요구리를 갖고, 낳고, 키우던 그 봄에 난생처음으로 엄마의 철쭉이 예뻐 보였다. 철쭉만이 아니라 재개발 아파트 단지를 가득 채운 개나리도 진달래도 어여뺐다. 꼭 촌스러운 우리 엄마처럼 말이다. 그러다 문득 엄마가 왜 그토록 나무에 집착하는지 이해하게 됐다. 어린 시절 살던, 장미정원이 있는 방배동 이층집! 아버지의 사업 실패로 우리 집이 쪼그라들기 전에 배신이나 보증이나 부도라는 단어도 모르고, 촌지도 학원비도 등록금도 걱정 없이 어린 3남매와 젊고 어여쁜 당신들이 살던 곳. 엄마도 나도 그토록 돌아가고 싶어하는 곳이 거기였다는 것을 깨달은 것이다. 엄마나 나는 지금껏 그 집에서의 시간들을 찾아 헤매고 있었던 거다. 틸틸과 미틸의 《파랑새》처럼.

나 역시 미처 깨닫지는 못했지만, 그동안 들여놓았던 그 모든 화분들, 엄마가 사주신 철쭉과 떡갈고무나무 모두 옛 추억 속의 장미정원을 향해 뿌리 내리며 피어나고 있었다. 사실 엄마가 처음부터 철쭉을 좋아했던 것도 아니었다. 흑백사진 속 엄마는 수국처럼 탐스럽고 백합처럼 화려한 아가씨였다. 내가 장미와 수국을, 작약과 리시안셔스를, 백합과 목련을 좋아하는 것처럼 말이다. 엄마도 나처럼 아이들을 키우면서 옷 값을 줄이고, 꽃 값도 줄이고, 그러다 보니 제인 패커의 꽃다발 대신 산천의 꽃분홍에 마음이 끌리는 중년이 돼버린 거다.

이제는 나도 알게 되었다. 여자로 태어나 평생을 장미처럼 살 수는 없다는 것을. 아니 세상에는 철쭉 같은 여자도 있고, 들꽃 같은 여자도 있고, 아예 평생 단 한 번도 꽃으로 살아보지 못하는 여자들도 있다는 것을. 어쩌면 나도 그런 들꽃 같고 들풀 같은 여자들 중 하나일지 모른다. 세상의 모든 딸들은 제 어미를 부정하다 다시 어미가 된다.

그 여름이 지나고 몇 번이나 더 제주에 내려오신 엄마는 올라가실 때마다 번번이 마지막인 것처럼 구신다. "요구리 예쁘다고 소구리 섭섭하게 하지 마라. 소구리 요구리 잘 먹여라." 그리고 꼭 한마디를 덧붙인다. "곰서방 같은 남자 없다. 잘 해줘라." 나는 자꾸만 모른 체한다. 나는 이제 서울이 '비행기로 50분 거리'만큼이나 가깝게 느껴지는데, 엄마는 아직 내가 어디 먼 미국 땅에라도 나가 사는 것 같으신가 보다. "엄마, 여긴 천하의 이효리가 선택한 핫 플레이스라고요! 내가 또 유행에는 민감하잖수~."

우유와
억새의 날들

　　　　　　　요구리는 그날도 우유를 엎질
렀다. 어제도, 그제도 그랬다. 그렇다. 이건 녀석의 고약한 습관
이다. 일단 저지레를 쳐놓고 "어쩔 테냐?" 하는 기세로 엄마의
자격을 시험하는 거다. 걸핏하면 소리를 지르는 '소구리 엄마'와
달리 '요구리 엄마'는 결코 시험에 들지 않는다. "아이고, 이놈
아!" 한마디를 하고는 묵묵히 걸레질을 할 뿐. 요구리는 눈에 넣
어도 안 아픈 막둥이니까. 앞에선 궁둥이를 두들기는 시늉을 하
다가도 돌아서면 웃음보가 터지고 만다. 도저히 혼낼 수가 없다
는 것을, 녀석은 귀신같이 눈치챈다. 덕분에 우리 집 마룻바닥은
하루가 멀다 하고 제주산 우유로 마사지를 한다. 그건 집주인도

못하는 건데. 프리미엄 물티슈로 꼼꼼히 클렌징도 받는다. 실은 내가 워낙 불량주부라서 걸레를 빨고 삶아가며 바지런을 떨지 못해 그냥 이러고 사는 거다. 매일 쭈그리고 앉아 마룻바닥을 닦으며 생각한다. 사람으로 태어나 산다는 것은 뭘까. 내 인생은 여기서 이렇게 끝나버리는 게 아닐까. 바닥을 벌벌 기면서, 걸레 질을 하면서, 똥 기저귀나 치우면서, 남편만 기다리면서.

《삼미 슈퍼스타즈의 마지막 팬클럽》에서 소설가 박민규는 말했다. "필요 이상으로 바쁘고, 필요 이상으로 일하고, 필요 이상으로 크고, 필요 이상으로 빠르고, 필요 이상으로 모으고, 필요 이상으로 몰려 있는 세계에 인생은 존재하지 않는다. 진짜 인생은 삼천포에 있다." 내가 아직 처녀였을 때는 이기는 게 좋았다. 이 소설은 그저 루저들의 시답잖은 농담이라고만 여겼다. 나는 아직 더 이길 수 있을 거라 믿었다. 지는 사람들에게는 이유가 있다고도 생각했다. 어리석거나 게으르거나….

그런데 조금 더 살아보니 그게 아닌 것 같다. 나는 어리석지도 게으르지도 않은 것 같은데, 왜 자꾸 지는 걸까? 그리고 또 조금 더 살아보니 이런 생각도 들었다. 지는 게 반드시 나쁜 것만은 아니구나. 수없이 지면서 사는 게 인생이로구나. 박 작가의 말마따나 "치기 힘든 공은 치지 않고, 잡기 힘든 공은 잡지 않는 것", 그것이 바로 야구로구나.

돌이켜보면 요즘처럼 여유로웠던 적이 없다. 나도 내 인생이 낯설다. 예전엔 시간은 언제나 빠르게 흘러갔고, 크고 작은 사건들이 늘 주위를 휘감았다. 복닥복닥한 세상의 한가운데 있다 '아기와 나'만 존재하는 방 한 칸으로 유배된 느낌이 들기도 했다. 아이를 둘이나 낳았으니 처음 겪어보는 일도 아닌데, 뭐랄까 이번에는 느낌이 좀 달랐다.

소구리를 낳았을 때 나는 겨우 스물일곱 살이었다. 하지 못한 일이 아직 많았다. 그래서 나를 '껍데기'라 부르시는 시부모님 말씀이 참 듣기 싫었다. "소굴아, 저기 네 껍데기 간다." "껍덱아, 알맹이 배고프단다. 이리 와서 젖 줘라." "껍덱아~ 껍덱아~." 그 말이 듣기 싫어 한번은 발끈해서 대들기도 했다. "아버님 어머님, 제가 왜 껍데기예요? 저는 아이 낳으려고 태어난 게 아니라고요. 애 낳고 젖 주는 게 인생의 목적인 것처럼 말씀하지 마세요!" 지금 생각하면 낯 뜨거운 이야기다. 황당해하시던 두 분의 얼굴이 아직도 생각난다. 30대 중반에 요구리를 낳고 나서야 어르신들이 왜 새끼를 알맹이라 부르고 어미를 껍데기라고 부르는지 어렴풋이나마 알게 되었다.

아이와 더불어 내 영혼이 거듭나는 것과 달리 육체는 점점 허물어져갔다. 나비를 키워낸 고치처럼, 허물처럼, 껍데기처럼. 당연히 사회에서도 내 존재는 점점 잉여가 되어갔다. 잉여剩餘, 다 쓰고 남은 나머지. 조직이 더 이상 원하지 않는, 사회에 더 이상 필요 없는 존재…. 힘들긴 했지만, 나는 현실을 인정하게 되었다. 내 인생이 급속도로 잉여스러워지는 것을, 첫아이 때보다는 덜 예민하게 받아들이게 됐다.

솔직히 말하자면 지금 생활도 나쁘지는 않다. 짬이 날 때마다 이종석이니 이민호니 드라마 남자 주인공을 바꿔가며 '금사빠(금방 사랑에 빠지는 사람)' 아지매 놀이도 하고, 스마트폰을 들여다보며 친구들의 SNS에 댓글도 단다. 비록 유행에는 뒤떨어지고 감각도 무뎌졌지만, 예전보다 훨씬 다정하고 친절한 사람이 된 것 같다. 그 와중에 애들 밥도 차려주고 걸레질도 한다. 별로 하는 일도 없이 하루가 훌쩍 간다.

곰서방은 내 무기력증을 해소하는 유일한 길이 오직 여행뿐이라는 듯, 이 섬의 구석구석을 누빌 계획을 세우곤 했다. 그러나 둘 다 낼 모레 마흔을 바라보는 운동 부족 멸치들이라 그 계획을 모두 실천하지는 못하고 산다. 기억에 남는 여행은 한 철에 한두 번이고, 보통은 근처 수목원이나 바닷가에 나가 겨우 바람이나 쐬는 것이 전부다. 아이들이 어리다는 핑계로 그 좋다는 올레길도 한 번 못 걸었으니까.

그러던 어느 날이었다. 찬바람이 불면서 벌써 긴 겨울이 시작될 조짐이 보였다. 아침 다르고 저녁 다른 제주의 날씨로 미뤄보건대, 볕이 보이면 일단 나가서 광합성을 하는 것이 상책이었다. 더 추워지기 전에 바다나 한 번 더 볼까 싶었는데, 곰서방이 "산굼부리 억새 보러 가자."고 하기에 처음엔 시큰둥했다. "평화로 오가며 많이 봤는데, 억새는 무슨. 코스모스나 보러 갔으면 좋겠다. 아니면 해바라기나." 일부러 그렇게 퉁을 놓았다. 그러니까 억새는 내게 꽃이 아니었고, 내 인생이 '와인과 장미의 나날'은커녕 '우유와 억새의 나날'로 굳어지는 것이 별로였다.

그런데 아니었다. 백록담보다도 넓고 깊다는 굼부리(분화구) 주변으로 하얀 억새들이 지천으로 피어 있었다. 사람 키만한 억새 사이를 천천히 걸으며, 생각이 바뀌었다. 기껏해야 동물 사료로나 쓴다는 억새가 그런 장관을 이룰 줄이야! 사진가 김영갑이 왜 자신의 인생을 송두리째 여기 바쳤는지 비로소 이해가 됐다. 노자가 《도덕경》에서 설파한 쓸모 없음의 쓸모 있음이 바로 이런 것이렷다. 땔나무를 패고 마당을 쓸다가도 문득 도가 온다더니, 그게 영 틀린 소리는 아니었다. 가슴속에는 깊은 위안과 평화가 찾아왔다.

대학 시절 종교학과 수업을 전공 수업만큼이나 쫓아다니면서 수많은 이론과 설법을 들었다. 그중에 나이가 들수록 새록새록 생각나는 것이 두 가지 있다. '불교개론'의 "진아여여眞我如如(나의 본성이 이러하다)", 그리고 '도교개론'의 "무지이위용無之以爲用(쓸모 없음이 쓸모를 만든다)". 진아여여란 라마나 마하르시라는 인도의 구루가 설법한 것으로, 참된 나에 대한 자각을 강조한 것이다. 이를테면 빌리 조엘이 부르는 '지금 그대로의 당신Just the Way You Are'와도 맞닿는 가르침이라고 할까. 또 무지이위용 이란, 방도 그릇도 비어 있을 때 비로소 쓸모가 생긴다는 뜻 이다. 먼지처럼 많은 헛된 날들이 모여 인생의 의미를 만드는 게 아닐까.

가을바람 억세게 맞으며 흔들리는 억새를 보노라니, 새삼 저 두 가지 가르침이 떠올랐다. 내 삶에서 가장 무의미하게 흘 려 보내는 것 같은 이 시간들이, 펄펄한 자아는 죽고 오직 지루 한 육아만 남은 것처럼 여겨지는 우유와 억새의 날들이 어쩌면 내 인생의 하이라이트요, 나를 가장 나답게 만들어주고 있는 걸 지도 모르겠다. 매일 독하게 회의하고 맹렬하게 헷갈리면서 나 는 지금 진짜 인생을 살고 있다.

4부

제주생활
적응기

봄밤에는
취흥이 도도하여라

"긋고 싶은 봄밤이었다."라고
시인 황지우는 썼다. 울렁거리지 않고 봄밤을 넘긴 적은 한 번
도 없다. 겨우내 이를 악물고 기다리던 봄이 왔는데, 이제 살겠
다 싶어 숨을 들이마시다 도로 체하고 말았다. 비 때문이다. 비
가 오면 제주는 언제든 겨울이 된다. 어제 내린 비로 벚꽃이 다
졌다. 날이 궂으면 하루가 우중충하다. 침실로 새어드는 빛 자체
가 다르다. 감기 기운이 있는지 몸도 무겁고.

그런데 이날 아침은 조금 달랐다. 나의 아들 소구리가 시
키기도 전에 블라인드를 올리며 외쳤던 것이다. "엄마, 그래도
아직 벚꽃이 남아 있어! 휴, 다행이다." 이건 뭐, 마지막 잎새인

건가. 내가 그렇게 환자처럼 보였나. 한참 창밖을 보던 아들은 갑자기 엄마는 무슨 계절을 좋아하느냐고 물었다. "알아맞혀 봐."라고 했더니 "여름!"이란다. 어떻게 알았느냐고 물으니 "엄마는 추운 걸 싫어하잖아."라고 한다. 명쾌하구나! "그럼 너는 무슨 계절을 좋아하느냐."라고 물었더니, 가을이란다. "왜 하필 가을?" 그러자 "낙엽이랑 놀 수 있어서."라고 하는 것이 아닌가. 녀석, 벌써부터 센티를 씹긴.

그즈음 우리 사이에는 숙제가 끼어들었다. 고작 숙제 때문에 냉랭해질 사이가 아닌데도 우리는 일종의 냉전을 치렀었다. 하지만 때는 바야흐로 봄날, 냉전이 끝나가고 있었다. "어머, 소굴아, 네가 지금 말한 게 시야!" 묘하게 시적이다 싶어서 좀 호들갑을 떨었다. 소구리는 지 에미의 기분을 풀어주려고, 방에 들어가 쓱싹쓱싹 동시를 지어왔다.

벚꽃놀이

구름이 얼굴 하늘이 몸
그리고 나무가 다리인 거인들이
서로 신발에 꽃을 꽂겠다고 다투네.
그 사이 작은 거인 하나가
먼저 꽃을 주워 신발에 달았네.

그때 갑자기 바람이 몰려와
한 줄기 벚꽃들이 날리네.
거인들이 그 광경을 보고
벚꽃 가지를 잡아다
신발에 꽂네.
꽃신을 만드네.

오후엔 결혼식에 참석하기 위해 혼자서 서울에 갔던 곰서방이 무사히 돌아왔다. 남편이 좋아하는 족발에 순대를 사다 놓고 저렴한 화이트와인을 곁들여 마시며 몇 번이나 아들의 시를 읊었다. 동네 사람들! 이런 시를 쓰는 강아지가 내 아들이에요! 오늘 밤은 취흥이 도도하여라. 내가 신인선(신사임당의 본명)으로 태어나지 않았더라도 아들이 나를 사임당으로 만들어주겠구나.

"그 모든 희생을 감수할 만큼 좋은 학교입니까?" 잠든 아이의 숨소리를 듣고 있으려니, 얼마 전 허를 찔렸던 질문이 자꾸만 떠오른다. 언제나 방심이 문제다. 마음을 놓고 있을 때 그것은, 온다. 무념무상 쪽으로 애써 맞춰놓았던 주파수에 잡음이 끼어들었다. 피 끓는 청춘이 아니어도 잠 못 드는 봄밤이 왔다. 한 번도 거저 지나간 적이 없는 봄밤. 목련, 동백, 벚꽃, 라일락… 꽃들의 이름을 한 번씩 불러본다. 창도 닫혔는데 멀미가 난다. 꽃멀미렷다.

제주 사계

제주에서 찍은 사진은 버릴 게 별로 없다. 어디에
들이대도 다 작품이 된다. 유채꽃이 핀 들판에서,
해가 뜨고 지는 바닷가에서, 기화요초가 만발한
숲 속에서, 사람 손을 덜 탄 오름 억새밭에서, 말
똥이 구르는 한라산 기슭 눈썰매장에서. 우리 가
족은 이곳에서 '인생의 사진'이라 부를 만한 것들
을 무수히 건졌다. 언젠가 제주를 떠나 저마다 자
신의 인생을 살기 위해 흩어진 뒤에도 우리는 이
추억으로 여전히 우리일 수 있을 것이다.

오일장의
쇼퍼홀릭

제주 맹모들이 아직 '차도녀(차가운 도시 여자)'이던 시절, 그녀들의 선물 리스트에는 귤이나 생선 대신 향수나 초콜릿 같은 물건들이 담겨 있었을 것이다. 육지에서는 브랜드가 선물의 품격을 좌우하니까. P 향수나 L 마카롱을 선물한다는 것은 "나는 당신을 이만큼 존중한다." 또는 "우리는 청담동 라이프를 살아가고 있다."는 뜻이었다. 그러나 백화점 하나 없는 이곳에서는 계급장도 브랜드도 다 떼어버린 채 쇼핑의 진검승부가 펼쳐진다.

시중의 뜬소문에 따르면, 국제학교 엄마들은 외제차 일곱 대를 요일별로 갈아타고, 비행기 타고 다니며 서울-부산-도쿄-

홍콩에서 쇼핑을 한다고 알려져 있다. 얼마 전 모 신문은 명동에 가서 통 크게 쇼핑하고 돌아오는 중국인 엄마의 사례를 빌려 그런 소문의 일단을 드러내기도 했다. 이름을 밝히지 않은 그 엄마는 고급 리조트에 거주하며 딸에게 승마와 골프, 음악을 별도로 가르치고, 내키는 대로 서울로 쇼핑을 다니는 모습으로 묘사돼 있었다. 그런데 실제 제주 맹모들은 어떨까? 대개는 제주와 서귀포 시내에 있는 마트에서 장이라도 보려면, 아예 작정을 하고 나서야 한다.

그래서 젖먹이까지 딸린 내가 대안으로 선택한 것이 인터넷 쇼핑이다. 아이들이 자는 밤, 분노의 검색질을 통해 가격비교도 하고, 해외 사이트에도 종종 들락거린다. 여기선 구하기 힘든 레고 '닌자고'의 초록닌자(로이드) 열쇠고리도 아마존에서 대량 구매해 큰애 친구들과 나눠 가졌고, 체육시간에 필요한 럭비용 마우스피스며, 한정판 '싱거' 미싱이며, 100주년 기념 '로열 앨버트' 찻잔도, 모두 거기서 반값에 샀다. 제주도는 국내 쇼핑몰에서 산간도서지역으로 분류된다. 배송비도 더 붙고 배송 기간도 늘어진다. 그럴 바에야 전 세계의 쇼핑몰을 손 안에서 주물럭대는 거다.

그러나 역시 쇼핑은 눈으로 보고 손으로 만져가며 하는 것이 맛이라. 학교 앞 구억리 주민들도, 그녀들이 농담 삼아 '읍내'라고 부르는 제주시나 서귀포시의 엄마들도 손꼽아 기다리는 것이 오일장이다. 육지에서 내려온 전직 쇼퍼홀릭들에게 이만한 구경거리도 없다. 오일장에서 싸게 산 물건으로 요리 배틀도 벌이고, 동네방네 인심도 쓰고, 소소한 자랑도 하는 게 제주 맹모들의 낙이다.

제주시에서는 2일과 7일, 서귀포시에서는 4일과 9일에 장이 선다. 나는 제주시 민속오일장 단골이다. 달력에 2자, 7자가 든 날이면 살 것이 없어도 마음이 동한다. 워낙에 아이쇼핑은 백화점에서, 진짜 쇼핑은 동대문에서 하는 시장 마니아여서일까. 오일장에 가면 숨이 트인다. 제주의 오일장은 주차장이 넓다. 심지어 신용카드와 상품권까지 받아준다. 주차와 현금결제 문제만 해결되면, 재래시장 장보기만큼 활력 넘치는 오락이 또 있을까.

수년 전부터 이른바 '패피(패션 피플의 줄임말로 연예인 등 패션에 민감한 종족들)'들의 해외여행 트렌드도 시장 구경으로 바뀌었다고 한다. 상하이 명품 백화점 '플라자66'이나 고색창연한 런던의 '헤로즈'가 아니라 이스탄불의 재래시장 '그랜드 바자르'나 두바이와 아부다비의 금시장 '골드수크'가 핫 플레이스다. 그런 시장 한두 곳 안 다녀오면 대화에 끼질 못한단다. 〈섹스 앤 더 시티2〉에서 천하의 캐리 브래드쇼(사라 제시카 파커 분) 언니가 '엑스(구남친)'를 만나 잠깐 흔들렸던 곳도 거기다. 물론 제주시 오일장에서 그럴 일은 없겠지만 말이다.

✳

첫 오일장 나들이 때는 멋 모르고 주말장에 남편을 대동하고 애들까지 데리고 나섰다가 사람에 치여 금방 돌아오고 말았다. 이제는 평일 파장 무렵에 도둑처럼 다녀온다. 소구리에겐 숙제를 시켜놓고, 요구리에겐 만화를 틀어주고서. 교육적으로 반듯한 방법이 아니라고 나무라지 마시라. 숙제는 본래 혼자 하는 것이고, 유행하는 만화도 좀 봐야 대화가 통하는 인간이 되는 것이니까. 파장 무렵엔 뭐든지 싸다. 50마리에 1만 원 주고 딱새우를 사서 큰 놈은 손질해 밀폐용기에 착착 담아 냉동실에 넣어두고, 작은 놈으로 된장찌개를 끓였는데, 그 맛이 기가 막혔다. 결혼생활 10년 만에 살림 우등생으로 거듭난 느낌이었달까.

오일장 방문이 거듭될수록 가는 곳이 늘어났다. 처음엔 꽃과 나무였고, 다음엔 채소와 생선이었다. 그러다 과일전에도 단골가게를 만들었고, 한동안은 효소 담그기에 꽂혀서 병 파는 데도 들락거렸다. 요즘엔 감물 들이는 집, 이른바 천연염색 옷집에까지 진출했다. 그런 옷들은 워낙 스타일이 뚜렷해서 아직 사입지는 못했다. 익숙해질 때까지 구경만 하는 것이다.

오일장 나들이의 화룡점정은 떡볶이집이다. 내가 자주 가는 집의 매운 떡볶이에는 중독성이 있다. 위장을 찌르는 맛이 아니라 혓바닥에 친숙한 옛날 맛이다. 전리품처럼 떡볶이에 순대를 사 들고 돌아오는 길에 12개에 1만 원 하는 참외를 봤다. 과일전 총각에게 농을 걸었다. "진짜 12개만 넣으셨어요?" 이 총각, 어머니 눈치를 슬쩍 보며 "13개 넣었어요."라고 소곤거린다. 총각의 어머니가 픽 하니 웃으신다. '말빨' 센 아지매 아자씨들과 순박한 처녀 총각들이 어울렁 더울렁 정을 나누는 곳, 여기는 제주 오일장이다.

제주에서
집 구하기

　　　　　　　　　　지금 사는 아파트는 제주에서
두 번째 살아보는 집이다. 연세를 내고 살았던 첫 집은 해가 들
지 않는 3층 아파트였다. 제주씩이나 내려와 아파트라니, 우리
도 처음부터 그럴 생각은 아니었다. 영화 〈건축학개론〉의 서연
이처럼 바다를 향해 큰 유리창을 낸, 그림 같은 집을 지을 생각
이었다. 정원에는 잔디를 깔고 좋아하는 꽃나무들을 하나하나
심을 작정이었다. 서연이네 집은 제주에 대한 도시인들의 로망
을 그대로 실현한 곳이었다. 우리 부부는 이층집을 올리고 정원
을 꾸밀 만한 곳을 찾아 돌아다녔다. 그러나 곧 아기를 데리고
서는 무리란 것을 깨닫게 됐다. 한 번 지으면 10년은 살아야 할

텐데, 어느 하나라도 마음에 들지 않으면 사는 내내 불만이 생길 것이 뻔했다. 더구나 손바닥만 한 텃밭 농사도 힘든데 정원을 가꾼다는 게 좀 손이 가는 일인가. 집 짓기는 몇 년 뒤로 미루고, 아파트로 합의를 봤다. 이사철도 아닌 여름에 급하게 찾으려니 집이 없어서 한두 곳 겨우 둘러보고 연세를 구했다.

연세란 제주에만 있다는 1년 단위 사글세다. 월세를 목돈으로 받고 돌려주지 않아도 되니 집주인들이 선호한다. 빌리는 사람 입장에서는 부담스럽기도 하고 억울한 마음이 들기도 하지만, 제주에 가면 제주 법을 따라야 한다. 제주에 1~2년 단위로 파견되는 근무자들이 많아서일까? 어지간한 집들은 전세가 아니라 연세로 나온다. 우리가 처음 들어가 살았던 집도 딱 1년 동안 교환교수로 외국에 나가게 된 어느 교수님 댁이었다. 원목과 대리석으로 마감을 해서 고급스러워 보였다. 천장은 높고 벽지도 깨끗해 두루 나무랄 데가 없었다. 보자마자 딱 마음에 들어 "이 집으로 할게요."라고 외쳤을 정도.

그런데 막상 살아보니, 계약할 때는 보이지 않았던 단점들이 눈에 들어왔다. 눈앞을 가로막는 이웃 아파트 때문에 집에는 항상 그늘이 졌다. 대리석 바닥은 발이 시렸다. 부엌 베란다에서는 자그마하게 바다가 보였다. 아, 그럼 오션뷰인가? 그런데 해가 들지 않는 집에서 매일 바다를 본다는 건 생각처럼 낭만적인 일이 아니었다. 집 근처에 물 두는 것이 아니라더니, 나처럼 우울에 빠지기 쉬운 사람에게는 쥐약인 환경이었다. 책으로 만났던 제주살이 선배들은 하나같이 1년은 살아보고 터전을 정하라고 충고를 했다. 무슨 소린가 했더니만 이런 거였다. 나는 계약 기간을 반도 못 채우고, 일부러 나가 해바라기를 하고 들어오는 지경이 됐다. 첫눈에 사랑에 빠지는 일의 부질없음이여.

※

내게는 고소공포증이 있다. 너무 높은 건물에선 견디지 못한다. 시집오기 전 스물 몇 해를 주택에서 살았고, 아파트라면 3층 이내 저층을 선호했다. 전에 살던 서울 집도 2층이었다. 재개발 예정지라 아파트 단지 안쪽으로만 듬성듬성했지, 주위엔 한 뼘 공간을 겨우 남기고 빽빽하게 지어 올린 고층 건물들이 들어서 있었다. 그런데도 이상하단 생각은 하지 못했다. 답답한 환경이 너무나 자연스러웠던 것이다. 더구나 한밤중에 들어와 겨우 잠만 자고 새벽같이 회사로 빠져나갈 때였다. 그런 집에 사는 일의 우울함과 답답함을 알지 못했다. 그런데 아이와 함께 하루를 꼬박 집에 머물러야 하는 처지가 되니, 집이 그 안에 사는 사람들의 정서에 얼마나 큰 영향을 미치는지 알겠더라. 그건 거의 절대적이었다. 말하자면, 집은 그 사람이었다.

내 자신이 햇빛을 못 받으면 시름시름 앓는, 양지식물형 인간이란 것을 전에는 미처 몰랐다. 사무실에 앉아 있을 때 무슨 핑계를 대고라도 한 번은 밖에 나가 볕을 쬐어야 숨이 트였던 기억이 뒤늦게 났다. 나는 또 흙냄새를 생각보다 좋아하는 사람이었다. 하루에 단 30분이라도 꽃을 보고, 나무를 봐야 했다. 정원이 아니면 화분이라도 필요했다. 새 집을 고르는 절대적 기준은 이제 건물의 마감이나 꾸밈이 아니라 조망이 됐다. 무엇보다 내 성향에는 바다보다는 숲이 보이는 편이 낫다는 것을 알게 되었다. 멜랑콜리란 작가한테는 몰라도, 엄마한테는 안 좋을 게 뻔했다. 내 직업은 당분간 엄마여야 하는데 말이다. 여행지 호텔을 잡을 땐 어떻게든 오션뷰나 리버뷰를 주장하던 사람이 집을 고를 땐 기를 쓰고 파크뷰, 시티뷰를 찾게 됐다.

결국 계약 기간이 아직 반이나 남았는데 집을 구하러 다니기 시작했다. 첫해의 경험에 따르면, 새 학년이 시작되는 가을에는 막상 볼 집이 많지 않았다. 제주 토박이들이 '신구간(신들이 한 해 업무를 마치고 교대하러 가는 기간)'이라고 표현하는 설 연휴 즈음, 그때가 이사 대목이었다. 이른바 손 없는 때라고 해서 매물도 연세도 이때 쏟아져 나온다. 제주에 정착한 지 반 년 만에 이곳 정서에 물든 우리 부부는, 신구간에 이사는 못할지언정 집이라도 잡아놓자는 데 동의했다. 서너 군데를 돌다 사업하는 어느 여장부의 집에 가보게 됐다. 드라마에 나오는 성북동 사모님 풍의 세련된 할머님이었다. 그런데 첫 말씀이 아주 인상적이었다. "이 집은 수맥이 없어요."

풍수지리적으로 따지자면, 제주시에는 배산임수에 맞춰 집을 짓기 어렵다. 배산임수라고 하면 뒤로는 한라산, 앞에는 제주 바다가 와야 한다. 그런데 그런 그림은 반대편 서귀포시에서나 가능한 얘기였다. 우리가 삶의 터전으로 제주시를 고른 이상 풍수지리의 절반은 포기하고 들어가는 거였다. 그 와중에 수맥이라니! 우리는 한 대 얻어맞은 것같이 멍해졌다.

주인 할머니는 정색을 하셨다. 처음 아파트를 분양받을 때는 여생을 여기서 보낼 생각이셨단다. 그래서 저명한 신부님을 모셔다 수맥을 따졌다고 했다. 기왕 배정된 동을 바꿔서까지 들어온 곳이 여기였다. 과연 터가 좋아서인지 자제 분들이 모두 출세했단다. 할머니는 아들네가 미국에서 돌아와 함께 살 집을 새로 지어 나가는 것이 아니라면, 평생 여기서 살았을 거라고 힘주어 말씀하셨다. 우리 부부는 이미 신구간도 받아들인 처지였기 때문에 수맥이 없다는 집을 딱히 마다할 이유가 없었다.

사실 수맥까지 따질 정도라면 전 주인이 다른 요소는 얼마나 더 꼼꼼히 봤을까 싶었다. 과연 3층이지만 거실에 햇빛이 쏟아져 들어왔다. 파크뷰까지는 아니어도 저 멀리로는 한라산 꼭대기가 보였다. 도로에서 조금 안쪽으로 들어와 조용한 것도, 다른 아파트들이 눈에 걸리지 않는 것도 좋았다. 거실만 확장하고 다른 방에는 베란다가 남아 있는 점 역시 다행이었다. 제주는 어찌나 비가 잦은지, 베란다가 없으면 그 비가 방으로 다 들이치는 형국이었으니까. 잘 모르는 사람들이 넓게 쓴다고 베란다를 텄다가 고생하는 장면을 수도 없이 봤다. 베란다 마루 한쪽에 물이 샌 흔적이 있었지만, 제주에서 그 정도 흠은 흠도 아니었다. 그리하여 있는 돈 없는 돈을 끌어 모아 이 집을 잡았다. 잔금을 치를 때는 은행 손목도 꽉 잡았다. 아니지, 내가 발목을 꽉 잡힌 건가? 앞으로 몇 년은 (남편 혼자) 죽도록 일하며 갚아나가야 하는 처지가 됐지만 결혼 10년 만에 우리 힘으로 마련한 첫 집이라 생각하니 감개가 무량했다. 그리고 3년, 볕 좋고 수맥 없는 이 집에서 덕분에 무탈하게 살고 있다. 역시나 집은 그 사람이다.

인테리어하기
참 어렵다

다른 사람이 채갈까봐 계약은 빛의 속도로 했는데, 전에 살던 집을 비워야 하는 시점과는 한 달 반이나 차이가 났다. 집도 연애와 같아서 일단 마음에 다른 이를 들여놓으니 조금 전까지 참을 만하던 허물이 들보처럼 보였다. 목소리도 싫고, 웃는 것도 싫고, 이러다 숨소리까지 싫어질 지경이 되면 헤어지는 거겠지. 조금이라도 서로에 대한 미련이 남아 있을 때 헤어지는 편이 더 아름다운 이별이 될 것 같았다. 집주인과 우리는 남은 기간을 반씩 양보하기로 했다. 마음은 이미 이곳을 떠나 새 집으로 달려가고 있는데, 인테리어가 문제였다.

생각 같아선 장마가 시작되기 전까지 인테리어를 마치고 '베이킹 아웃(새로 인테리어한 집에 보일러를 틀어 새집증후군 인자들을 미리 날리고 들어가는 것)'까지 끝낸 집에 쏙 들어가고 싶었다. 그러나 이곳은 제주였다. 제주는 중국 못잖은 만만디의 나라다. 서울에서 하룻밤에도 역사가 뒤바뀌는 광경을 무시로 목격했던 내게 제주의 속도는 답답해서 숨이 넘어갈 지경이었다. 여기는 당장 죽고 사는 일이 아닌 것에 목숨 거는 사람이 없었다. 서울의 미친 속도가 싫어서 피난 오는 곳인데, 오죽하겠나. 이곳의 표준시는 서울의 절반 속도로 더디 가는 시계에 맞춰져 있었다. 오늘 밤에 맡겨도 내일 새벽이면 날아오던 세탁물, 그런 것은 없다. 드라이클리닝도 아닌데, 기본 손질에 일주일이 걸린다. 척 하면 착이던 서비스, 그런 건 바라기도 힘들다. 내 돈 주고 전복회를 사먹는데도 밤 9시가 가까워지니 나가달라고 하는 곳이 여기다. 적어도 지금까지 내가 살아온 제주는 그랬다.

돈 앞에서라면 죽는 시늉이라도 하는 사람이 아무도 없었다. 적게 벌어 적게 쓰니 아등바등 살 이유가 없는 것이다. 게다가 누구에게든 조금씩이나마 농사지을 땅이 있었다. 지금 하는 일이 실패하더라도 돌아갈 땅이 있다는 건 사람들을 당당하게 만들었다. 도시인의 눈으로 보자면 불편한 것이 한두 가지가 아니었지만, 새롭고 신선하기도 했다. 그리고 멋졌다.

인테리어는 일주일이 넘어서야 견적이 나왔다. 워낙 만만

218

디인 데다 새 아파트, 호텔, 원룸 등의 토목공사가 많아서 일반인은 뒤로 밀린 것이다. 그냥 그러려니 했다. 전국에서 유일하게 건설 경기가 살아 있는 곳이니 말이다. 문제는 금액이었다. 화장실과 부엌을 제외한 견적이었는데도 벽지와 붙박이장에 3,000만 원에 육박하는 비용이 청구됐다. 목공에만 1,500만 원을 매겨놓은 것을 보고 학을 뗐다. 제주 이민이라 부르는 데는 이유가 있었다. 단지 물 한 번 건너는 것뿐인데, 여러 모로 미국 이민 생활과 비슷하다. 차가 없으면 다니기 불편하고, 워낙 일손이 귀해서 인건비에 매겨지는 가치가 높다.

앞서 인테리어를 했던 소구리 친구 엄마 하나는 아예 서울에서 인테리어 전문가 두 분을 호텔에 모셔가며 일했다고 한다. 그게 무슨 뜻인지 이해가 됐다. 부엌을 포함해 다른 곳에서 다시 견적을 받는 데는 다시 한 주가 걸렸다. 두 주를 허무하게 날리고, 남은 기간은 꼭 한 달이었다. 베이킹 아웃이고 뭐고, 방을 뺄 때까지 기본 공사나 끝날지 걱정이 됐다.

보다 못해 곰서방이 해결사로 나섰다. 퇴근 길에 신생 부엌가구 브랜드를 발견하고, 그 업체에 부엌과 붙박이장, 책장 공사를 한꺼번에 맡겨버린 것이다. 브랜드를 론칭하고 제주에 첫 진출한 업체라서 그런지 일개 가정집의 일인데도 최선을 다해줬다. 책이 많아 레일을 깔아 움직이는 이중 책장을 주문했더니, 자기 분야가 아닌데도 서울서 전문가를 불러다 시공을 해줬다.

살면서 새록새록 고마워하고 있다. 아기는 어리고 도우러 오신 친정 엄마도 편찮으셨는데, 이 양반들이 없었으면 공사를 어찌 마쳤을까 싶다.

건축 분야는 아무래도 남성의 일이다. 더구나 제주는 아직도 남성 중심적인 사회라 어린 여주인의 잔소리를 못 들어주는 편이었다. 거친 바다에서 물질을 하며 가족을 부양하던 해녀들의 땅인데 어째 이럴까 싶다. 다른 엄마들을 통해 인부들이 공사를 하다 말고 사라져버렸다는 인테리어 후일담을 숱하게 들었는데, 내게도 그런 일이 생겼다. 그래서 화장실과 타일 바닥은 아직도 미완성이다.

곰서방은 그이들이 팽개치고 떠나버린 베란다 화단에 직접 모르타르와 방수 페인트를 발랐다. 부엌 타일은 급한 대로 부부가 함께 깔았다. 경사 조절에 실패해서 물이 잘 안 빠지는 게 결정적인 흠이지만 아주 나쁜 것만은 아니다. 불편하기는 해도 이야기를 얻었으니까. 그럼 이제 빈 땅을 사서 집을 올리는 일만 남은 건가! 먼저 이 집을 사느라 진 빚부터 좀 갚고, 쿨럭.

정원 일의
즐거움

곰서방이 만든 베란다 화단에
는 사철 장미가 핀다. 하와이언 무궁화도, 백합도, 치자도 때 맞
춰 피고 진다. 아이비가 어찌나 탐스러운지 조만간 라푼젤의 머
리카락처럼 1층으로 타고 내려올 수도 있겠다. 꽃이 있으니 온
갖 나비와 새들이 베란다 화단에 찾아온다. 아침저녁으로 물을
주다 보면 뒤집어진 공벌레가 수두룩하다. 공벌레는 작은 아르
마딜로 같다. 요구리가 엄청나게 좋아하는 벌레다. 요구리 생각
을 하면 잡아 없앨 수가 없다. 보는 대로 일으켜 세워준다. 지네
들도 무수히 달아난다. 내 눈에 딱 걸린 녀석들은 몰라도 흙 속
으로 파고든 지네는 잡지 않는다. 블루베리를 키우는 최상급 유

기농 상토를 열 포대나 쏟아부어 꾸민 곳이다. 흙이 좋아서 꽃도 나무도 잘되지만 온 동네 벌레들까지 소문을 듣고 모여들었다. 이곳은 이미 하나의 생태계다. 내가 만들었지만 내 손을 떠났다.

정원을 가꾸는 일은 나의 오랜 로망이었다. 시골에서 살았던 것은 초등학교 저학년 시절 4~5년간에 불과하지만 그 기억이 나의 심층부를 형성했다. 철 없던 시절에는 차도녀 행세를 해보려고도 했었다. 그러나 속은 갈 데 없는 '촌년'이어서 나이가 들수록 자꾸만 흙이 좋아졌다. 첫해엔 도시농부 흉내를 내보고 싶어서 베란다 화단에 각종 쌈 채소 모종을 사다 심었다. 씨앗이 틀 때까지는 어땠는지 몰라도 잎을 내고 우리집에 온 이후엔 약을 치지 않았다. 달고 여린 잎에 진딧물이 들끓어 한 철 수확하고 말았다. 소구리가 많이 아쉬워했다.

두 번째 해에는 겨울에도 보려고 사철장미를 심었다. 3층이라 담장을 타고 오르는 굵은 놈을 키울 수 없어서 내린 선택이었다. 작아도 가늘어도 장미는 장미인지라 제법 향이 좋았다. 바깥 바람과 비를 맞은 장미는 철마다 굵어지고, 가시도 억세졌다. 이 아이들을 보고 있으면 시름이 없어진다.

꽃이야 다들 예쁘지만, 내심 가장 자랑스러운 건 백합이다. 지난봄 한 뿌리에 2,000원씩 여섯 뿌리를 사다 심었던 것이 여름엔 식탁에 놓아도 부끄럽지 않을 만큼 자라 꽃을 피웠다.

222

그때쯤 소구리 친구 엄마들과 밥을 먹다가 모임이 길어져 우연찮게 집에서 차를 대접한 일이 있었다. 갑작스러운 손님치레에 평범한 물병에 무심히 꽂아놓았던 백합 덕을 톡톡히 봤다. 꽃집에서는 한 송이에 1만 원도 하는 귀한 꽃을 아무렇지도 않게 베란다에서 키운다니 엄마들이 감탄을 한 게다.

　　백합 향기는 아이들이 키우는 토끼와 햄스터와 새의 분변 냄새까지 가려줬다. 인테리어의 화룡점정은 향기라는데, 일부러 무엇을 갖다놓을 필요도 없었다. 얼굴도 예쁜 아이가 어쩌면 향기까지 이렇게 신통방통한지. 늦봄부터 초여름까지 두어 달을 실컷 보고 즐겼다. 가을이 시작될 무렵 화단을 정리하면서 도로 알뿌리를 캐다 깨끗이 씻어 말렸다. 냉동고 아래칸에서 가을 겨울을 나게 한 뒤, 내년 봄에 다시 심을 생각이다. 갖가지 백합들이 피어나 온 집 안에 향기를 퍼뜨리는 상상을 하니, 부자가 된 것만 같다.

정원 풍경

정원 가꾸기에 남다른 열정을 품고 있는 영국 사람들은 꽃 한 송이 키울 정원 한 평 없다는 말로 곤궁함을 묘사한다고 한다. 사방이 자연인 제주에 살면서 베란다 정원이 무슨 소용인가 싶어도 내 손으로 가꾼 땅 한 쪽, 나무 하나는 생각보다 힘이 세다. 아침에 일어나 베란다 창을 열고 천사의 나팔과 백합과 장미와 허브에 물을 줄 때, 토끼와 앵무새와 햄스터의 밥을 챙겨줄 때 아무런 대가를 바라지 않는 순정한 기쁨을 느낀다. 그야말로 완벽한 세계다.

여름을 알리는
비, 바람, 곰팡이

휴가철에 보는 제주의 반짝이는 얼굴, 어쩌면 결혼 전 애인에게 공들여 보여주는 '분칠' 같은 것일지도 모른다. 여배우처럼 예쁜 얼굴에 빠져 살림을 차렸는데, 알고 보니 이 신부, 성깔이 장난이 아니다. 분내 나는 계절은 4월부터 5월까지다. 아, 10월도 반짝 좋다. 토박이의 말에 따르면, 제주는 의외로 쨍한 날이 귀하단다. 모두 합쳐야 1년에 40일, 겨우 한 달 열흘인 셈이다. 그 짧은 아름다움이 너무나 압도적이어서 나머지 계절을 참고도 남는 거란다. 1년 중 두 달은 김태희, 이영애인데, 나머지 열 달은 얼굴이 매일 바뀌는 신부와 산다고 생각해보라. 아이고, 무서워! 마누라 앞에서 애면글면 전전

궁긍인 신랑처럼 나는 밤낮으로 마주치는 섬의 민낯에 번번이 놀란다.

나무 그늘 아래서 벚꽃을 받아먹던 일이 엊그제 같은데, 제주는 벌써 여름 날씨다. 섬이라니까 작은 땅인 줄 아는 분들이 간혹 있다. 실은 엄청 크다. 오죽하면 제주 안에서도 평생 이쪽 끝에서 저쪽 끝으로 나가보지 않고 사는 양반들이 있을까. 그러나 이렇게 큰 땅덩이라도 섬은 섬이어서 과연 사방에서 물의 기운이 엄습해온다. 제습기 없이는 견딜 수 없다는 계절이 '진격의 거인'처럼 오고 있는 거다.

소구리의 말마따나 나는 사계절 중 여름을 가장 좋아한다. 그런데 제주의 여름은 다가오는 느낌만으로도 공포스럽다. 내가 좋아하는 것은 어떤 나쁜 생각도 말려버리는 유쾌한 햇빛이지, 우울에 물을 주며 키우는 습기는 아니다. 여름이 오면 제습기 창에는 습도 80~90퍼센트라는 알림이 뜬다. 조금만 켜두어도 10리터들이 물받이가 금세 가득 찬다. 제습기 두 대를 돌렸는데, 반나절 만에 물을 30리터나 갖다 버린 일도 있었다. 당연히 옷장마다 하마를 키운다. 신문지를 구겨 던져놓으면 일주일 만에 눅눅해져서 갈아줘야 한다. 싱크대와 세탁기 옆에는 아예 깡통에 담아 파는 대용량 식초와 베이킹파우더를 가져다 놓는다.

제주의 여름은 단순한 장마가 아니다. 가히 우기라 부를 만하다. 6월부터 8월까지는 하루가 멀다 하고 비가 내린다. 9월도 안심할 수 없다. 꺼진 태풍도 다시 봐야 한다. 이 집에 오던 첫해 여름엔 가물 정도로 비가 없어서 땀을 뻘뻘 흘리며 셀프 인테리어를 했다. 다행히 태풍도 오지 않았다. 그런데 그건 대단히 예외적인 경우였고, 다음 해부터는 역시나다. 10월 중순인데도 태풍이 올라왔다. 순서대로 태풍의 이름을 외우다가 몇 개째인지부터 잊었다.

제주의 하늘은 하루에도 몇 번이나 낯빛을 바꾼다. 도대체 어느 장단에 춤을 춰야 할지 몰라 우왕좌왕할 때가 많다. 어제는 멀쩡했는데, 오늘은 비가 내리고, 아침엔 안개 때문에 한 치 앞이 어둡더니 점심엔 거짓말처럼 개기도 한다. 그래서 한동안 기저귀 가방 속에는 족히 두세 계절은 커버할 만한 아이 옷들이 공존했다. 등짝에 구멍이 뚫린 민소매 티셔츠와 기모 트레이닝복 같은 것들 말이다. 모자가 달린 바람막이나 야상 점퍼는 사계절 필수품이다. 변덕스러운 날씨가 딱 하나 좋은 점은 수면양말과 수면바지와 발열내복 3종 세트를 언제든 신고 입을 수 있다는 거다. 잔소리쟁이 곰서방도 올해부턴 따라쟁이가 됐다. 절대 나이가 들어서는 아니라고 우기니, 음, 그저 신묘한 제주의 날씨 덕분이라고 해두자.

삼다도란 이름에 한몫하는 섬의 바람은 평시에도 기세가 대단하다. 한 번 불었다 하면, 귀신 우는 소리가 난다. 어스름이 내릴 때 창을 닫아 걸지 않으면 밤새 우우 몰려다니며 사람 마음을 심란하게 만든다. 여기는 간판과 천막을 정말 튼튼하게 단다. 큰 놈이 온다 싶을 때는 플래카드 같은 것을 아예 떼어내는 것 같다. 전망이 좋다고 고층 아파트를 산 지인 중에는 바람 때문에 유리창이 깨져 매년 한두 개씩 가는 분도 있다. 믿거나 말거나.

✳

비 오고 바람 부는 밤, 식구들이 잠든 방에서 쌔액- 쌔액- 아이들의 숨소리를 듣다 보면 내가 한 그루 나무가 되는 환상을 본다. 열 손가락에서는 잎이 트고 등에서는 뿌리가 자라난다. 땀에 축축해진 새끼들의 베개 위로 마른 수건을 바꿔 깔아주다가 나도 모르게 킁킁거리며 아이들의 머릿내를 맡는다. "이렇게 좋은 걸 여태 모르고 살았구나." 바쁘게 일할 때는 한 번도 느껴보지 못했던 감정이다. 이 좋은 걸 누리면서도 가끔은 행복하지 않다. 심지어 어느 땐 세상에서 가장 불행한 사람이 된 것 같은 기분에 휩싸이기도 한다. 다 날씨 때문이다.

뭍에서 나고 자란 육지 엄마들 사이에서 가장 무시무시한 괴담은 때와 장소를 가리지 않고 피어나는 곰팡이에 관한 거다. 제주는 곰팡이마저도 어찌나 생명력이 강한지 팡이제로 따위론 근절되지 않는다. 특히 여름날 번식하는 곰팡이에게는 '저는

10년째 초보주부니 살살 좀 봐주십쇼.' 하고 접고 들어가는 편이 낫다. 락스도 이엠 용액도 사흘이면 무력해진다. 그저 바지런을 떠는 수밖에. 게으름을 피웠다가는 포자에 민감한 노약자들이 더러 폐를 앓기도 한단다. 어린 동생들을 둔 엄마들이 긴장하지 않을 수 없다. 가뜩이나 섬에 내려온 아우들의 처지가 딱한데, 곰팡이까지 한 손 보태다니. 이렇게 해도 나는 이 전쟁에서 매일 패배한다. 물곰팡이는 날마다 세를 넓혀가고, 덩달아 벌레들도 여기저기 흩뿌려진 아이들의 간식을 먹으며 생육하고 번성한다. 애초에 상대가 되지 않는 싸움이었다. 그저 약자인 내가 강자의 방식에 날마다 조금씩 적응해갈 뿐. 분칠한 제주만이 아니라 '생얼'도 사랑할 수 있게 될 쯤에는 나도 진짜 도민이 되어 있을 것이다.

페스티벌의
꼬마 장사꾼

여름은 뭐니 뭐니 해도 청춘의 계절이다. 직진하는 햇빛 같은 열정, 난데없는 소나기 같은 사랑. 인생에도 사계가 있다면 청춘은 당연히 여름일 것이다. 제주의 여름도 청춘을 닮았다. 이 계절엔 생각보다 많은, 그리고 꽤 괜찮은 축제들이 펼쳐진다. 제주 함덕 서우봉 해변에서 열리는 풀문 페스티벌(이하 풀문)도 그중 하나다. 풀문이란 보름달이 뜨는 여름 밤에 벌어지는 일렉트로닉 음악 축제를 말한다. 스페인 이비자 섬이나 태국 코팡안 등 해외 관광지 축제로도 유명하단다. 그리고 나로 말하자면, 장래희망이 '한량'인 사람이다. 한량 되기가 꿈인 사람이 이런 자리에 빠질 수는 없지. 더 늙기 전에 청춘 흉내를 내고 싶어서 2년 연속으로 참가했다. 풀문은 그런 청춘의 여름을 만끽하는 청년들로 가득했다.

인테리어 작업을 겨우 시작했을 무렵 처음으로 풀문에 갔다. 페인트를 고르고 저녁 늦게야 들어가보니, 외할머니 품에서 종일 '찌찌야'에 굶주린 요구리가 징징 울며 달라붙었다. 애를 매단 채로 옷을 갈아입고 화장을 했다. 그사이 곰서방이 재빨리 머리를 굴렸다. "애들을 데려가자!" 어차피 요구리는 가는 동안 잠들 것이다. 곰서방은 잠든 아이를 데리고 차에서 쉰다. 소구리와 마누리는 노는 데 한계가 있으므로 금방 돌아올 것이다. 그의 계산은 이러하였다. 하기는 피곤하기도 했을 것이다, 낼모레 마흔이니까. 애 보기 사흘 만에 지쳐버린 친정 엄마마저 애들까지 세트로 페스티벌에 보내는 데 한 손을 거드셨다. 어느새 야광 티셔츠를 꺼내 요구리에게 입히고 계셨던 것. 두 아이를 챙겨 나오면서 심히 울적해졌다. 간만에 묶었던 머리를 풀고 놀아볼까 했더니만, 파티맘의 소박한 꿈은 이렇게 물거품이 되는 것인가.

함덕 서우봉 해변은 집에서 40분 거리. 수심이 얕아 가족 단위 관광객에게 인기가 많은 해변이다. 울퉁불퉁 파헤쳐놓은 도로를 달려 들어가보니, 쿵쿵거리는 소리가 입구부터 덤벼들었다. 얼마 만에 들어보는 육지 음악이란 말이냐. 그 소리에 놀라 요구리가 일어나버렸다. 애가 산통을 다 깨놓으면 어떡하지?

나는 근심했다. 그런데 곰서방이 요구리를 데려온 것은 신의 한 수였다. 야광 옷으로 상하의를 맞춰 입은 '요구리 더 네온팬츠' 가 파티걸들의 사랑을 독차지한 것이다. 곰서방은 매니저처럼 요구리를 목말 태우고 다니며, 어여쁜 누나들과 악수도 하고 사진도 찍었다. 참 내…, 차에서 쉬겠다더니. 소구리와 나는 얼굴과 팔에 야광 페이스페인팅을 받고 무알콜 음료를 나눠 마시며 놀았다. 그해 여름, 내 인생의 사진이라고 할 만한 것들은 모두 풀문에서 건졌다.

지난해에는 사업가 지망생인 소구리의 소원도 들어주었다. 풀문 부스에서 LED머리띠 같은 파티용품을 팔았던 것이다. 급조한 가게 이름은 '파티마마 앤 선즈'. 처음엔 그냥 몇 가지 물건만 시험 삼아 팔아보려던 것이 일이 커졌다. 머리띠만 꺼내놓기엔 심심해서 팔찌를 넣고, 한 가지 모양만 팔기 무안해서 다른 모양, 다른 색깔도 주문한 거다. 막판에 페이스페인팅을 했던 업체가 빠진다고 해서 물감까지 챙겼다. 소구리는 문방구에서 1,000원, 2,000원 하는 타투 스티커를 사다가 작게 자른 다음 도안 서너 가지를 묶어 500원에 팔았다. 결과는 대성공! 한참 동생 같은 아이가 물을 발라가며 타투를 붙여주니, 형 누나들이 귀엽게

봐준 덕분이었다. 꼬마 장사꾼의 안목이 옳았다.

내가 고른 파티용품은 일종의 시즌 장사라 조악하게 만든 불량품이 너무 많았다. 아예 테이블에 올려놓지도 못한 물건들이 트렁크 가득 남았다. 악성 재고는 엄마의 몫이었다. 장사 준비에 들인 돈은 100만 원인데, 매출은 절반 이하인 40만 원. 그래도 범생이과였던 소구리가 모르는 사람들에게 다가가는 훈련을 한 것만으로도 대단한 성과였다. 매출액의 10퍼센트를 수고비로 건넸다. 소구리는 벌써 다음 장사 아이템을 궁리했다. 학교 야구단을 설립하기 위한 캠페인 배지? 창간 준비만 하다 개점 휴업 중인 〈저스트 인 타임스〉의 재창간? 뭐가 되어도 좋았다. 차고 앞에서 레모네이드를 팔았다는 해외 부자들의 전설처럼 스스로 아이템을 선택하고 창업에 도전해본다는 시도 자체가 놀라운 일이므로.

지나가 보니 알겠더라. 반짝거리는 머리도 한때지만, 빛나는 젊음도 한때란 것을. 다시 대학생 시절로 돌아간다면, 나는 학점과 스펙과 무엇이 되고자 하는 열망이 아니라 연애와 여행과 모험과 열정에 청춘을 바치겠다. 좋은 친구들을 불러 모아 차고든 지하실이든 빌려 무엇이든 하겠다. 교수가 되거나 대기업에 취직하기 위해서가 아니라 내가 만든 나만의 일을 하기 위해서 말이다. 다시 고등학생이 된다면 풋사랑의 손을 잡고 도서관에 다니며, 이어폰 나눠 끼고 책을 읽을 것이다. 교복 조끼에

는 다트를 넣고, 치마는 두 단 정도 줄여 입을 것이다. 입시? 거
좀 실패하면 어때. 남들의 눈, 타인의 기대에서 벗어나 진짜 내
가 될 텐데, 평생을 오롯이 나로 살 수 있을 텐데.

파리에 간 꽃할배가 그랬다. "죽을 때 이 장면이 생각날 것
같다."고. 나와 내 새끼들도 이곳 제주에서 그렇게 살 것이다. 순
간순간 후회 없이 삶의 마지막 파노라마에 끼어들 추억들을 만
들어가면서. 풀문은 빙산의 일각일 뿐이다.

"소굴아, 사람이 안전한 공부만 하면 못쓴다. 젊을 때 놀고
뭐든 저질러봐야 하는 거야." 인생의 피 같은 교훈을 몸소 알려
주는 우리는 정말이지 울트라 캡숑 엄마 아빠지 뭐야. 애들 떼
어놓고 놀려고 했던 건 비밀!

파티마마 앤 선즈

장래희망이 장사꾼인 소구리에게 풀문 페스티벌은 좋
은 실험무대였다. 축제에 오는 사람들은 기분이 좋아
서 무엇이든 살 마음의 준비가 되어 있으니까. 더구나
소구리처럼 눈웃음 치며 다가서는 꼬마 장사꾼에게서
라면. 곁에 있는 파트너와 친구들에게 인심 쓰기에 부
담스럽지 않은 가격으로, 불량품은 묻지도 따지지도 않
고 무조건 교환해주고, 원 플러스 원, 투 플러스 원, 풍
부한 덤을 안긴다. 소구리는 장사의 기본을 배웠다.

인생의 가을이
시작되었다

       살갗을 태울 것 같던 햇빛도, 귀청을 뚫을 듯하던 매미소리도 사라지고, 어느새 귀뚜라미 소리가 들린다. 어떤 이는 가을이 오는 걸 귀가 먼저 알아서 듣는 음악이 달라진다고 했다. 예컨대 클럽댄스 메들리에서 브람스나 말러로 말이다. 나는 아직 철이 덜 들었는지 한겨울에도 말러는 듣지 못한다. 대신 나의 귀는 이은미나 장혜진, 이소라, 아니면 이치현이나 김동률, 성시경의 목소리를 탐한다.

       언젠가부터 '아, 가을이구나!' 하고 낭만에 빠지는 대신, '앗, 가을인데?' 하고 긴장하게 됐다. 새끼가 둘이나 딸린 엄마는 아플 수도 없으니까. 제주의 가을바람을 맞으면 살갗이 일어나고 뼈가 아리다. 꼭 몸살 나기 직전처럼 욱신거리는 것이 눈에 안 보이는 도깨비 방망이에 흠씬 두들겨 맞은 것 같다.

더 나쁜 건 알레르기다. 봄에 왔던 알레르기는 죽지도 않고 또 온다. 눈 속에서는 모래알이 굴러다니고, 눈꺼풀은 그야말로 환장하게 가렵다. 흙일을 하다 말고 어깻죽지로 벅벅 비빈다. 물일을 하다 말고 고무장갑 낀 손으로 눈물이 나도록 문질러댄다. 얼굴은 뭘 발라도 뒤집어진다. 손톱 거스러미를 떼어낸 자리엔 염증이 생긴다. 그리고 한 번쯤 장염을 앓는다. 병이라고 하기에는 부끄럽고 사소한 증상들이 꼬리를 문다. 언니들 얘기로, "한 해 한 해 다르다."더니, 내 몸도 이렇게 무너져가는 걸까?

그 와중에 캠핑을 갔다. 멤버는 지난여름에도 한 번 캠핑을 했던 네 가족이었다. 소구리가 사모해 마지않는 '총대장' 형아네 식구들이 주선자다. 형아네는 두 가족은 품고도 남을 만한 커다란 텐트에 테이블이며 코펠이며 버너며 의자까지 모든 캠핑 장비를 완벽하게 갖추고 있다. 그보다 어린 아이들을 키우는 나머지 세 가족은 돗자리나 고기 몇 근만 마련해 가면 되었다. 제주의 변화무쌍한 날씨로 미뤄보건대, 가을날이야말로 한 주 한 주가 달랐다. 몸 상태는 '메롱'이었지만 아들이 오매불망 그리워하는 형님을 만나게 해주려면, 이런 기회를 마다해선 안 된다. 무거운 몸을 일으켜 따라간 그 캠프가 내게도 힐링캠프가 됐다.

'삼무三無 야영장'은 삼양초등학교 회천분교 터에 자리 잡고 있었다. 삼무란 이름 그대로 평탄하고 아늑했다. 제주 구도심(구제주)에서 15분 정도 거리라 접근성도 좋았다. 이보다 더 깊은 산 속에 있는 캠핑장은 밤낮의 기온 차가 커서 한여름이 아니면 지내기 힘들 터였다. 아빠들이 주말에도 일을 하기 때문에 오후 4시가 넘어서야 네 식구가 모였다. 10월의 오후 4시인데도 볕은 한여름처럼 따가웠다. 봄볕에는 딸을 내보내고, 가을볕에는 며느리를 내보낸다는, 바로 그 가을볕이었다. 그런데 그 볕이 보약이었다. 마음이 한없이 노곤해지면서 이런들 어떠하리 저런들 어떠하리, 노래라도 부르고 싶어졌으니까.

꼬마들이 뛰어노는 동안 아빠들은 텐트를 치고, 엄마들은 상을 차렸다. 총대장 형아는 리어카로 짐을 날랐다. 사내아이란 저만큼만 키워놔도 큰 보탬이 되겠구나. 부대장 격인 소구리는 야구장비를 챙겨 들고 다른 텐트 남자아이들 속으로 미끄러져 들어갔다. 생전 처음 보는 아이들과 캐치볼도 하고, 프리스비도 날리고, 배드민턴도 쳤다. 반죽도 좋지. 소구리의 동갑내기 여자 아이들 둘은 그림처럼 앉아 노래를 불렀다. 노래 부르기가 시시해지면 롤러 블레이드를 타거나 그림을 그리기도 했다. 시커먼 저쪽 사내아이들과 달리 이쪽은 색깔로 치자면 분홍색, 참으로 화사했다. 내게도 저런 화사한 시절이 있었을까.

그렇게 두어 시간이 지나자 해가 졌다. 바람이 사뭇 차가워졌다. 엄마들은 아이들에게 카디건이며 바람막이 점퍼를 한 겹씩 더 입혔다. 총대장 형아가 숯과 장작을 가져왔다. 마침내 캠프파이어! 모든 아이들이 마음 졸이며 기다려왔던 순간이다. 아이들은 형아가 토치로 불을 붙이는 모습을 경이에 찬 눈으로 바라봤다. 능숙한 솜씨였다. 시범을 보인 형아는 부대장 소구리에게 토치를 넘겨줬다. 너무 까불어서 별명이 '나부 대마왕'이었던 소구리가 어쩐 일인지 잔뜩 긴장해서는 침착하게 불을 다뤘다. 더 어린 남동생 넷은 침을 흘리며 소구리 형아를 바라봤다. 이 녀석들은 불의 제의, 불의 놀이에 정식으로 참여할 기회를 기다리고 있는 게다.

형아는 소구리에게서 다시 토치를 받아 모깃불과 램프불, 화롯불을 붙였다. 은박지에 싼 고구마도 조심조심 넣었다. 소구리는 동생들을 데리고 낙엽과 삭정이를 주워다 불씨가 사그라지는 장작 위로 던져 넣었다. 아빠들은 불을 형아의 일로 인정하고 모든 걸 형아에게 맡겼다. 다칠까봐 조바심 내는 어른들도 없었고, 서로 먼저 하겠다고 다투는 아이들도 없었다. 불이라는 절대적인 존재 앞에서 처음부터 정해진 서열과 순서가 있었던 것처럼 자연스럽게 흘러갔다. 이것이 리더십의 전수겠지. 선사시대 소년들처럼 녀석들은 불을 다루며 어른이 되고 있는 거다.

형아가 짐을 나르던 리어카는 밤이 되자 인력거로 변신했다. 아이들은 다투어 인력거를 끌며 신나게 놀았다. 딱 시골 아이들이었다.

저쪽에선 아빠들이 역할을 나눠 저마다의 일을 했다. 고기를 굽고, 술상을 봤다. 맥주 캔을 기울이면서 어린 시절의 이야기를 나누기도 했다. 보이스카우트 노래를 목청껏 부르고, 야영장에서 보냈던 추억도 하나둘 꺼냈다. 손가락 세 개를 펴고 스카우트 선서를 해야 하는데, 자꾸만 손이 곱아서 눈물로 포기해야만 했던 일화를 놓고 입씨름을 벌이기도 했다. "이게 왜 안 되지?" "그게 어떻게 되나?" 남자들이란.

엄마들은 모처럼 종이컵에 와인을 따라 들고 한숨 돌렸다. 학원 라이드부터 중학교 입시, 유치원과 어린이집 아가들까지 화제에 올랐다. 한두 해 터울로 자라나는 이웃의 아이들을 보며, 1년만 지나면 한결 수월해지리란 기대와 희망을 품게 됐다. 내년 가을, 다시 캠핑을 올 때쯤엔 요구리는 엄마 손을 좀 덜 탈 것이고, 나도 제주살이에 적응해 눈병이나 장염 따위는 모르는 한결 건강한 어른으로 거듭나지 않을까? 스스로를 집어삼키는 회한 같은 것은 다 버리고 오롯이 현재를 살면서 말이다. 그래, 인생의 가을이 시작되었다.

십오야 十五夜

시댁 어르신들은 이제 제주에서 명절을 쇠신다. 추석에는 숲과 오름과 올레를 걷고, 설에는 한라산 등반 후 겨울바다를 보신다. 곰서방은 추석 때 설 비행기표를 예매하고, 설 때는 추석 표를 예매한다. LTE의 속도다. 미리미리 해두지 않으면 표가 없다나 뭐라나. 곰서방은 마음에 여유가 있는 사람이다. 결혼생활 10년, 연애 기간 2년 동안 곰서방이 무슨 일을 미리미리 하는 것은 처음 봤다.

서너 해 전, 큰아버님은 제사와 차례를 폐하고 기독교 예절로 대신하겠다고 선언하셨다. 아버님의 네 형제 분은 할머님(소구리 증조할머님)을 미리 찾아뵙고 인사드리신다. 명절 연휴

에는 각 가정의 사정에 따라 여행을 가기도 하고 쉬기도 하신다. 제사를 모실 때도 그다지 힘든 일은 없었다. 숙모님들이 제수를 적당히 나눠 큰댁으로 모이셨고, "그릇 깬다."며 며느리들에겐 설거지도 많이 안 시키셨다. 그러니 100장 200장씩 전을 부칠 일도 없고, 주부습진이 도지도록 설거지만 하는 일도 없었다. 덕분에 나는 명절 스트레스 같은 건 크게 몰랐던 운 좋은 며느리로 살았다. 요즘에는 당대에서 제사와 차례를 정리하고 자녀 대에는 물려주지 않는 가정이 늘고 있단 얘기를 들었다. 연휴 기간 제주행 비행기가 만석이라 표를 구해드리기 힘들었던 것을 보면, 암약하는 자유가정이 늘어난 것 같기는 하다. 여기 내려온 뒤 명절과 차례가 단출해진 집들이 많다. 대신 휴가철이면 내내 손님을 치르지만, 명절 스트레스에 비할 바가 아니다. 본디 제주의 명절이 늘어지도록 푸진 것과는 참 대조적인 풍경이다.

지난 추석에는 비자림을 걸었다. 풍력 발전기가 서 있는 월정리 바닷가에서 일몰을 보고, 집 앞 이호테우 해변에서 고기를 구워먹었다. 한여름 같은 불야성은 아니어도 밤바다는 선선했다. 빨간 말과 하얀 말 등대가 서 있는 그 방파제 위로, 가로등이 들어오기 시작했다. 바람막이로 펴놓은 그늘막 위로 멀리 보름달이 걸려 있고, 2분에 한 대씩 뜨는 서울행 비행기가 나머지 빈 하늘을 채웠다. 아버님은 연신 '한라산'을 비우셨다. "캬, 이것 참 좋다." "어이, 이것 참 좋다." 어머니는 요구리를 안고 고깃점을 잘라 먹이며 흐뭇해하셨다. 소구리는 처음 보는 동그란 모기향이 신기한지 그것만 들여다보며 밥을 먹었다. 돗자리 옆으로 갯지네며 공벌레가 돌아다녔다. 곰서방의 수다가 밤공기를 채웠다.

곰서방도 어쩔 수 없는 한국 남자였다. 10년 전만 해도 아들이 쑥스러워 못 하는 효도, 곰살맞은 며느리가 대신 해주길 바라는 전형적인 가부장 타입이었다. "부모님 모시고 대가족 이뤄 사는 게 평생 소원"이라기에 순진한 마음에 시댁에 들어가 살기도 했다. 첫해에는 100점으로 시작했지만, 다음 해에는 90점이 되고, 그다음 해엔 80점이 되더니 나올 때쯤엔 바닥을 쳤다. 결국 분가를 했다가 다시 시댁 근처로 기어들어가 아이를 맡기고, 제주행을 결정하기까지 크고 작은 에피소드가 한가득이다. 대하소설감은 아니어도 가족 시트콤 분량은 뽑았달까. 하지만 내가 김수현 선생님도 아닌데, 여기 늘어놓아야 무슨 재미가 있겠나. 이하 생략.

그랬던 곰서방이 정작 부모님과 몸이 멀어진 뒤부터 '셀프 효도'를 시전하기 시작했다. '등거리 외교' 수준까지는 못 되지만 처가에도 가끔 전화를 드린다. 시부모님께 전달하는 며느리

애기는 무조건 미담으로 격상시키는 지혜로운 '중간자 전략'까지 구사한다. 그사이 나 역시 손가락에 물 한 방울 안 묻히려던 이기적인 깍쟁이에서 책상도 책장도 혼자서 번쩍번쩍 들어 옮기는 괴물 아지매로 변신했다. 어깨너머로 배운다더니, 곰서방 말로는 내가 여기 와서 하는 것들이 다 어머니가 하시던 일들이란다. 베란다 화단을 가꾸고, 오일장에 다니고, 과실청을 담그고, 미싱을 돌리고….

시부모님 역시 아들의 능청을 모르는 척 받아주신다. 속으로야 50퍼센트는 깎아서 들으시겠지만 가끔은 "잘한다, 잘한다." 추임새도 넣어주신다. 지난 추석, 아버님은 곰서방이 잡아드린 월요일 아침 비행기표를 슬그머니 일요일 아침 비행기표로 바꾸셨다. "아이고, 좀 더 계시다 가시죠." "아니다, 올라가서 나도 좀 쉬련다." 하루라도 더 머무시며 손자들의 재롱을 보고 싶으실 것이다. 오매불망 첫사랑 소구리에 요즘 한창 예쁜 짓을 하는 요구리까지. 방금 안고 있다가도 돌아서면 다시 눈에 삼삼하실 터인데. 며느리, 남은 하루라도 쉬라고 그러시는 거겠지.

이렇게 우리 가족은 명절날 '짜고 치는 고도리'처럼 서로 조금씩 속고 속이지만, 모두의 평화를 위해 바람직한 방향으로 나아가고 있다. 지난 10년, 나는 나대로 눈 감고 귀 닫고 입 막았던 것처럼 그 양반들도 똑같이 해오셨다는 것을, 이제는 안다.

나의 정든
유배지에서

서울엔 장마 같은 가을비가 내
린다는데, 제주는 어제까지 도로 여름이었다. 낮에는 민소매 티
셔츠에 반바지를 입고 일하다가 귀뚜라미가 우는 밤이 되면 주
섬주섬 스웨터를 주워 입는 날들이 이어졌다. 오늘 새벽부터는
공기의 흐름이 심상찮더니, 그예 비가 내렸다. 내리는 기세가 거
센 것이 돌이킬 수 없는 가을비다. 짧은 가을이 끝나면 나는 겨
울잠을 자야 하리라.

며칠 전, 곰서방 동문들이 가족모임을 했다. 제주에 내려
온 지 2년 됐다는 어느 부인이 서울서 일로 한두 번 만난 적 있
는 분이라 깜짝 놀랐다. 화려하고 활달한 성격에 단조로운 섬

생활을 어찌 견디시느냐고 물었더니, "안 배운 게 없다."는 대답이 돌아왔다. 요리와 홈패션부터 외국어에 목공까지 두루 섭렵했단다. 내가 지금 하고 있는 일들과 놀랄 만큼 비슷했다. 나도 딱 그랬다. 원단 쟁여놓고 미싱도 돌리고, 남는 타일로 테이블도 두 개나 만들었다. 효소와 과실청, 담금주 만들기에 꽂혀서 한동안 그것만 하기도 했다. 그렇게라도 하지 않으면 도저히 견딜 수가 없어서였다.

다행히 그 양반은 아직 매인 아이들이 없단다. 여름내 차에 수영복과 튜브를 싣고 다니다 마음에 드는 해변을 만나면 거침없이 물에 뛰어들었다고 했다. 게도 잡고 보말도 캐서 바깥양반에게 요리까지 해드렸다는 얘기엔 모두가 감탄했다. 우리가 상상하는 제주의 낭만을 그대로 구현하고 있었으니까. 그 양반의 낭만과 나의 일상이 공존하는 곳, 제주는 그런 곳이었다.

여기서 살다 보니, 육지에서 아무 생각 없이 즐기고 누렸던 것들이 결코 하찮은 것이 아니었음을 깨달을 때가 많다. 예컨대 프랜차이즈 커피숍이 그렇다. 정형화된 육지의 맛이 그리웠는지, 누가 사주면 마시고 내 돈 주고는 마시지 않을 만큼 커피에 애착이 없던 나도 여기선 하루 석 잔 이상 들이켜는 헤비 드링커가 되어버리고 말았다. 발길에 차이던 것이라도 자주 못 보면 금단증상이 생기는 법이니까. 그런데 커피 한 잔 마시자고 아기 데리고 번화가까지 나가는 것은 여간 번거로운 일이 아니었다. 그때마다 번번이 만날 사람도 없고 말이다. 대안으로 선택한 것이 캡슐 커피였다.

캡슐 커피란 것이 그렇다. 처음 들여놓을 때 기계 값은 얼마 안 되는 것 같아도 두고두고 들어가는 비용이 만만치가 않다. 이것은 마치 프린터와 잉크, 카톡과 아이콘, 화력발전과 땔감의 관계 같달까. 인터넷으로 한 번에 캡슐을 100개, 200개씩 주문해 쌓아두고 먹는 것이 한때 내가 누렸던 거의 유일한 호사였다. 그러다 보니 캡슐이 줄어들면 당 떨어져가는 사람처럼 불안해졌다.

커피만이 아니다. 첫해 겨울엔 크리스마스 장식을 찾아 헤매다 급기야 직접 만들고 말겠다며 미싱까지 샀다. 달랑 쿠션 두 개, 식탁보 하나 만들고 모셔둔 상태이긴 해도 한 번 더 꽂히면 어떤 퀼트 대작을 만들지 모른다.

제주의 겨울은 의외로 꽤 춥다. 올겨울엔 뜨개질을 하리라는 예감이 든다. 토굴 속에서 아무 데도 가지 않고 니트를 짜는 내 모습이 저절로 떠오른다. 전형적인 머리비대형 인간에 곰손 곰발이었던 이 여사, 이러다 제주에서 살림의 여왕 마사 스튜어트나 행복한 할매 타샤 튜더처럼 되는 것은 아닐까? 예명은 마사, 타샤에 라임을 맞춰 '아사'로 하련다. 누가 밥상을 차려다 바쳐도 숟가락을 안 주면 굶어 죽기 딱 맞았던 생활의 폐인이 무려 아사 리 여사로 진화하다니!

무엇보다 외지인들의 섬 생활을 지배하는 정서는 고립감이다. 제주에 대한 풍문 중에 이런 게 있었다. "서울서 옮겨온 모 기업 임직원들은 금요일 저녁만 되면 서울 가는 마지막 비행기를 올려다보며 술을 마신다."고. 딱 내 얘기였다. 날씨는 걸핏하면 우중충해지지, 어린 새끼들은 양팔에 매달려 찍찍거리지, 옴짝달싹도 못 하는 채로 부엌 창을 내다보면 저 밤바다 위로 비행기 불빛이 깜빡거리며 사라지는 것이 보였다. 쉐-액, 마지막 비행기가 하늘길을 가르는 소리를 내며 사라질 때마다 '여기가 바로 섬이로구나, 나는 아직 아무 데도 못 가는구나.' 하는 생각이 들어 우울해지곤 했다. 가끔은 못 마시던 맥주 캔도 따서 홀짝였다. 월하독작月下獨酌의 날들이 늘어갔다. 가히 '무진'을 실감케 하는 안개가 내리거나 여귀의 신음 소리 같은 바람이라도 부는 날에는 모슬포에 유배됐던 추사 어르신까지 생각났다. "에라이, 독풍毒風이 부는 몹쓸 땅, 모슬포로구나." 그 시퍼런 양반이 오죽하면 그랬을까, 오죽하면.

서울 한복판에 머물 때는 제주라는 지명이 퍽 낭만적으로 느껴졌다. 여름이 되면 종종 '제주도 푸른 밤'을 들었다. "떠나요 둘이서 모든 걸 훌훌 버리고, 제주도 푸른 밤 그 별 아래~ 이제는 더 이상 얽매이긴 우리 싫어요. 신문에 티비에 월급봉투에~."

가끔은 그런 상상도 했었다. 그러나 막상 압도적인 자연에 포위당하고 나니, 도시가 얼마나 그립던지. "월세를 살더라도 맨해튼 한복판에서 살고 싶다."던 선배 차도녀의 고백만큼은 아니지만 나도 상당히 도시지향적인 여자였다.

출근길 명동에서 서소문으로 꼬리를 물고 이어지던 차량의 행렬, 어디론가 전화를 연결하던 손석희 교수의 카랑카랑한 목소리, 높아서 오히려 안도감을 주던 한강변 빌딩들의 스카이라인, 늦은 퇴근길 남산 3호 터널의 고즈넉한 입구, 콧소리가 섞인 심야방송 DJ들의 목소리, 야근을 마치고 나올 때까지 아직 켜져 있던 이웃 사무실의 불빛들, 언제나 불야성을 이루던 동대문의 새벽, 소소한 '단독(특종)'을 한 다음 날 아침의 신문 냄새, 환청이 들릴 정도로 울려대던 휴대전화 벨소리…. 한 장면 한 장면이 아프도록 그리웠다.

흡사 아이 가진 여자처럼 서울 음식에 걸신이 들렸다. 선배와 한 판 대거리를 하고서 "그래도 나는 애 가진 여자니까…." 되뇌며 혼자 기어들어가 꾸역꾸역 먹었던 도가니탕이 그리웠다. 울음을 삼키며 씹어 먹었던 그 집 깍두기 맛을 찾으려고 가을과 겨울 내내 제주 시내 곰탕집을 빙빙 돌았다. 마침내 비슷한 깍두기를 발견하고는 다 먹지도 못하는 곰탕 몇 인분을 사면서 애원하다시피 깍두기 몇 알을 더 얻어왔다. 그 깍두기 몇 알을 며칠이나 아껴 먹다 남은 국물에는 밥까지 비벼 먹었다. 그

짓을 몇 번이나 하고서야 그리움은 간신히 잦아들었다.

이곳에 내려오면서 내가 쌓아 올렸던 모든 경력들은 베틀에 걸린 삼베를 끊어내듯 끝났다. 그것이 내게는 너무도 큰 상실감을 주었다. 사산당한 아이처럼 그게 아파서 가짜 입덧까지 앓았던가 보다. 그런데 며칠 전, 남은 깍두기를 무심코 음식물 쓰레기 봉지에 넣으며 깨달았다. 여름이 가고 가을이 오는 것처럼 미망의 계절도 이제 다 지나갔구나. 이제는 다 잊었구나. 그제야 슬며시 웃음이 났다.

제주는 지금 황금향이 한창이다. 물이 많고 달고 향그럽고, 무엇보다 어느 가게에서 사더라도 실패가 없는 귤. 파치라고 부르는 중하품 황금향을 박스로 사다 무시로 까먹으며, 유배지에서의 첫 가을과 겨울을 났다. 두 번째 해에도 그랬다. 육지로 가지 못하는 흠 있는 황금향이 내 처지처럼 느껴져 서러웠다. 그러나 세 번째인 지난가을엔 한결 수월했다. 나는 더 이상 황금향에 집착하지 않는다. 회사 앞 곰탕이나 깍두기에도 미련이 없다. 곰탕집 깍두기를 무심코 버린 이후 커다란 들통과 뼈를 사다가 한 솥 가득 곰탕을 끓였다. 냉동실을 꽉 채운 곰탕은 이 계절 나의 새끼들을 살찌울 것이다. 나는 곰탕과 깍두기 앞에서 더 이상 슬프지 않을 것이다.

지금껏 나는 현재를 사는 방법을 배우지 못했다. 항상 누군가의 과거였거나 누군가의 미래였다. "지금 앉은 자리가 꽃자리, 지금 잡은 새가 파랑새." 그런 말들을 머리로는 이해했지만 몸으로 받아들이기는 쉽지 않았다. 그런데 제주에서 세 번의 봄 여름 가을 겨울을 보내는 동안 바다와 오름과 올레를 누비며 깨달았다. 죽은 시인들이 "오늘을 붙잡으라."고 외친 데는 이유가 있다는 것을.

어린 소구리와 더 어린 요구리, 아직 늙지 않은 곰서방과 내가 있는 가족사진 속 풍경은 머지않아 내 오랜 기억 속 엄마의 장미정원을 완전히 대체할 것이다. 언젠가 우리가 여기를 떠나게 되면 아이들도 나도 제주에서 보낸 계절들을 그리워하게 되겠지. 서울을 떠난 뒤에야 동대문의 불빛들을 그리워하고, 영랑이 삼백예순 날 모란이 피기만을 기다리듯이. 그때까지 나는 다만 현재를 누리며 살 것이다.

"사람은 온전한 자신일 때 비로소 천재가 된다."

"결국 자기 눈으로 세상을 보고 자기 머리로 생각을 하고 자기 입으로 자기 말을 한다는 거다. 그게 천재다. 거기에 상투성이 개입되면 천재가 아니다. 온전한 자기 자신이 천재가 될 수 있는 거다. 설혹 틀릴지 몰라도 지금은 자신을 믿는다는 것. 똑같은 사람 만 명 중 하나라면 그게 무슨 의미가 있겠나. 유일해야지. 인간이 유일하려면 줄넘기를 한 번에 100만 번씩 할 필요도 없고 그저 자기 자신이기만 하면 된다. 자기 자신으로서 진실되기만 하면 유일무이한 거다. 그게 천재다."

― 안판석 감독, 〈맥스무비〉 인터뷰(2014년 5월 20일자)

한때 음악천재가 등장하는 드라마 한 편이 장안의 화제였다. JTBC 〈밀회〉 얘기다. 부와 사회적 지위와 미모를 가진 40대 여자(김희애 분)가 아무것도 없이 오직 젊음과 재능만 가진 20대 피아니스트(유아인 분)에게 빠져 모든 것을 잃는다는 스토리다. 아니다, 틀렸다. 그녀는 남편도 재물도 자리도 잃었지만, 재벌가 마름으로 살아남기 위해 뒤집어썼던 가면을 벗고, 비로소 온전한 자기 자신이 됐다. 위로만 올라가느라 진심 어린 연애 한 번 못 해봤던 가난한 청춘을 보상받듯, 죽기 전에 사랑 한 번 진하게 했다. 그러니까 모든 걸 잃은 게 아니라 인생을 얻은 거였다. 애 엄마로 사는 일에 바빠 '본방 사수'까진 못 했지만 화제의 장면 정도는 되돌려봤다. 드라마가 끝난 뒤, 감독의 인터뷰를 따로 저장해두고 여러 번 꺼내 곱씹었다. "사람은 온전한 자기 자신일 때 천재가 된다." 과연 어른의 말씀이었다.

나는 어릴 때 내 자신으로 살라는 이야기를 듣지 못하고 자랐다. 1등을 하고, 반장이 되고, 외고나 과학고에 가서 서울대에 들어가라는 조언이나 단기 계획은 있었지만 내가 태어난 원래 모양이 어떤지, 대학에 들어간 후에는 장차 무슨 일을 하며 어떻게 살지 생각해본 적도 없었다. 그 고민 없음이 오늘날 그냥 이렇게 존재하는 나를 만들었을 거다. 천 사람 만 사람 중 하나로, 그저 똑같이 살아가는 나를 말이다. 가만히 돌아보면, 막연하게나마 글을 쓰고 책을 읽으며 살고 싶기는 했다. 그 길 근처까지 오는 데 40년 가까이 걸렸다. 처음부터 나의 눈으로 보고 나의 머리로 생각하고 나의 말을 하며 살 수 있었다면, 이렇게 오래 헤매지는 않았을 텐데.

자신에게 가장 잘 맞는 길을 어쩌면 아이들은 이미 알고 있을 것이다. 학교와 어른들의 획일적인 가이드만 없다면, 알아서들 잘 찾아갈 거라고 나는 믿는다. 똑같은 길만 보여주고 모두가 그리로 걸으라고 말하는 어른들은 아이들이 진짜 천재로 살아가지 못하게 만드는 방해자다. 부모든, 교사든 말이다. 왕년의 실패한 영재이자 엄마로서 적어도 아이가 갈 길을 가리는 훼방꾼은 되고 싶지 않았다. 그것이 용의 길이 아니라 뱀의 길, 이무기의 길처럼 보인다고 해도 말이다.

얼마 전, 요구리까지 데리고 네 식구가 한라산에 올랐다. 곰서방이 누군가에게 쉬운 코스라고 추천받은 것이 영실 길이었는데, 오르내림이 아름답기는 했지만 쉽지는 않았다. 이상하다 싶어 뒤늦게 다른 이에게 물어보니, 오히려 쉬운 쪽은 어리목 코스란다. 빙 돌아가느라 한 시간 정도 더 걸리긴 해도 경사가 완만하고 길이 거칠지 않다는 거다. 영실은 길이 짧기는 하지만 경사가 가팔라서 아기 데리고 가기엔 무리란 것이 중론이었다. 그날 곰서방은 요구리를 업고 생고생을 해야 했다. 결국 길이란 그런 것이다. 타인의 지름길이 나에게도 편안한 것은 아니요, 나의 길이 다른 이에게도 완벽한 코스라고 주장할 수도 없다.

영실 코스를 오르며, 설문대 할망과 오백 나한의 전설을 들었다. 오백 장정을 먹일 죽을 끓이던 늙은 어미는 가마솥에 빠져 죽고, 밑바닥에서 어미의 뼈를 발견한 아들들은 가슴을 치다 바위가 되었다는 얘기다. 그 넋은 까마귀가 되어 한라산을 떠돈단다. 소구리는 마치 오백 나한의 맏형이라도 되는 것처럼 변명을 했다. 어미의 일은 가슴 아픈 사고였으며, 아들들이 어미의 살을 먹고 마신 것 역시 무지로 인한 실수였다고. 그러나 나는 자식들이란 제 어미 아비의 뼛골을 파먹는 줄도 모르고 자라나 먼 훗날에야 울며 후회하는 존재라고 해석했다. 구불구불한 천백 도로를 타고 돌아오는 길, 지쳐버린 아이들은 고꾸라져 잠이 들었다. 나는 내내 멀미를 했다.

제주에서의 삶이, 이 학교에서의 교육이 모든 이에게 들어맞는 정답이고 완전한 대안이라고 생각하지는 않는다. 또 그럴 리도 없다. 다만 우리 부부는 소구리가 소구리답게 자랄 수 있도록 내버려두기 위해서는 육지와의 결별이, 다음 대목이 빤한 영재코스에서의 탈출이 필요하다고 봤다. 다행히 소구리에게는 이것이 맞는 방향이었다. 그래서 소구리는 소구리가 되었다. 요구리에게 어떨지는 또 지켜봐야 한다. 요구리에게는 아마도 요구리의 길이 나타날 것이다. 소구리와 똑같은 속도로 똑같은 길을 걸으라고 요구한다면, 녀석은 못 견디고 튕겨나갈 게다. 아들 녀석들에게 고아 먹일 뼛골 언제까지 남아 있을까. 우리 부부는 가끔 그것을 근심하지만 솥을 젓는 동안에는 무념무상으로 행복하다.

＊

지난 여름, 원고 쓰는 일도 미루고 아이들과 계절을 만끽했다. 입도 첫해엔 태풍을 피해 가을에야 내려왔고, 두 번째 여름에는 셀프 인테리어를 하느라 정신이 없었다. 세 번째 여름을 맞고서야 비로소 온전한 여름방학을 보냈다. 막 사춘기의 문턱에 다다른 소구리의 성장 속도를 보면, 다음번에는 이런 기회가 없을지도 몰랐다.

소구리 요구리를 차에 태우고 해변을 달릴 때, 우리는 언제나 '퀸Queen'을 들었다. 구리구리들이 가장 좋아하는 곡은 '위 윌 록 유We Will Rock You'였다. 베스트 앨범 1면 16번째 곡. 우리들의 여름은 1면 16번에서 17번 '위 아 더 챔피언스We Are The Champions'로 가득 찼다. 이 두 곡을 질리도록 듣다 2면으로 넘어가면 거기에도 우리의 주제가가 있었다. 2면의 1번 '언더 프레셔Under Pressure'와 2번 '라디오 가가Radio Ga Ga'를 지나 3번 '아이 원트 투 브레이크 프리I Want To Break Free'까지 모자가 입을 모아 "위 윌 록 유"와 "아이 원트 투 브레이크 프리"를 외치다 보면 어느새 바다가 보였다.

우리는 억압을 피해서, 자유를 찾아 여기에 왔다. 남들이 가가라 하든 구구라 하든 상관없다. 나와 아이들은 각자의 인생에서 모두가 챔피언으로 살아갈 것이다. 그것이 맹모가 제주에 온 진짜 이유니까.

특별한 아이에서
행복한 아이로

1판 1쇄 인쇄 2015년 7월 10일
1판 1쇄 발행 2015년 7월 17일

지은이 이진주

발행인 양원석
본부장 송명주
책임편집 송현주
교정교열 윤정숙
해외저작권 황지현, 지소연
제작 문태일, 김수진
영업마케팅 김경만, 윤기봉, 전연교, 김민수, 장현기, 이영인, 송기현, 정미진, 이선미

펴낸 곳 ㈜알에이치코리아
주소 서울시 금천구 가산디지털2로 53, 20층(가산동, 한라시그마밸리)
편집문의 02-6443-8854   **구입문의** 02-6443-8838
홈페이지 http://rhk.co.kr
등록 2004년 1월 15일 제2-3726호

ISBN 978-89-255-5666-6 (03590)

RHK 는 랜덤하우스코리아의 새 이름입니다.